Newton
GRAPHIC SCIENCE MAGAZINE ニュートン

超効率 30分間の教養講座

だけでわかる!

天気と気象

目次

1章 日々の天気を左右する「雲」と「雨」

2章 日本の四季はどのようにして生まれるのか

3章 日々の暮らしに欠かせない天気予報

4章 こんなにちがう! 世界各地のさまざまな気象

5章 生活をおびやかす 異常気象と災害

1 日々の天気を左右する「雲」と「雨」

「雲」はどうやってできるのか

STEP 3

さらに上昇すると氷点下になり，小さな氷の粒（氷晶）もできる。これが雲ができるしくみである。つまり，雲の正体は小さな水や氷の粒の集まりなのだ。雲の粒は非常に小さいため，落下速度も1秒に数ミリから数センチメートル程度しかない。大気中にはこれをこえる上昇気流がいたるところに存在するため，雲は落ちてこないのだ。

STEP 2

空気中には地面から吹き上げられた土の粒子や自動車などの煙に含まれる粒子といった，「エアロゾル」とよばれる微粒子が浮いている。このエアロゾルが「雲凝結核」とよばれる芯になり，そこに水蒸気が集まって水滴（雲粒）になる。雲粒は，0℃以下になってもなかなか凍らない（過冷却）。

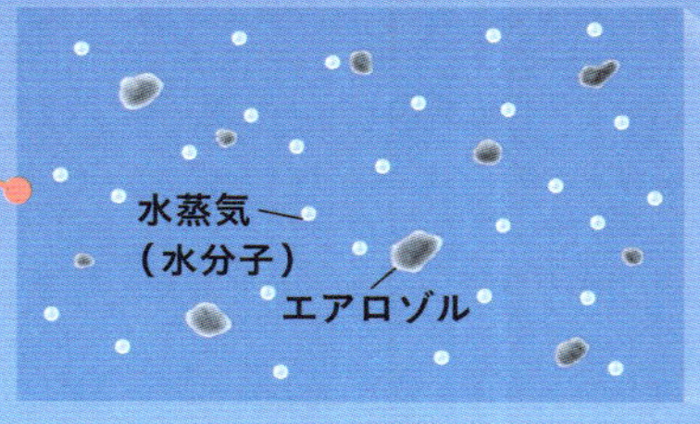

空気中には，水蒸気とともにエアロゾルが浮いている※。

STEP 1

空気が含むことのできる水蒸気の量には限界があり，気温が高いほど多くの水蒸気を含むことができる。地上の空気のかたまりが上空へ行くと，気圧が下がって膨張し，温度が低くなる。すると，その分，空気が含むことのできる水蒸気の量も減ることになる。

※：水分子のサイズは誇張してえがいている。

1 日々の天気を左右する「雲」と「雨」

雲の形や大きさは「上昇気流」によって決まる

STEP 2

水蒸気を含んだ空気のかたまりが大きな速度で真上に上昇した場合，雲は上方向に高く発達する。その代表例が「積乱雲（雷雲）」である（14ページ）。積乱雲の頂上は高度15キロメートルに達することもある。雷をともなう強い雨や雪を降らせ，ときにはひょう，そして竜巻をもたらすこともある。

STEP 1

雲は実にさまざまな形や大きさをしている。この雲の形や大きさを決めているのは，大気中の上昇気流の方向だ。上昇気流は，地表が温められたり，風が山にぶつかったりすることなどで生じる。積乱雲も乱層雲も，どちらも地上に雨を降らせる雲だが，そのでき方は対照的である。

STEP 3

一方，水蒸気を含んだ空気が，ゆっくりと斜めに上昇すると，雲は水平方向に広く発達する。その代表例が「乱層雲」である。この雲によって雨や雪が降りはじめれば，広範囲かつ長時間にわたって降りつづく。地表面付近から高度7キロメートルの間でできる，いわゆる「雨雲」「雪雲」だ。

1　日々の天気を左右する「雲」と「雨」

「雨」はどのようにして降るのか

STEP 1

雲粒は，周囲の水蒸気を取り込むことで大きくなる。しかし，雲粒がだんだん大きくなると，雲粒の表面積がふえる割合が小さくなるため，水蒸気を取り込むペースが上がらず，雲粒はなかなか大きく成長しなくなる。それよりも雲粒どうしがぶつかり合ってくっつくほうが，すばやく成長できるのだ。

STEP 2

雲の中にはさまざまな大きさの雲粒があるが，その中で比較的大きな雲粒は，小さな雲粒よりも速く落下する。大きな雲粒が落下するときには，ほかの小さな雲粒とぶつかる。すると，おたがいがくっついて，さらに大きな雲粒になる。これをくりかえし，最終的に体積が100万倍以上の雨粒に成長すると，雲粒はもはや上昇気流があっても浮きつづけることはできなくなる。これが地上に落下し，雨となって降るのである。

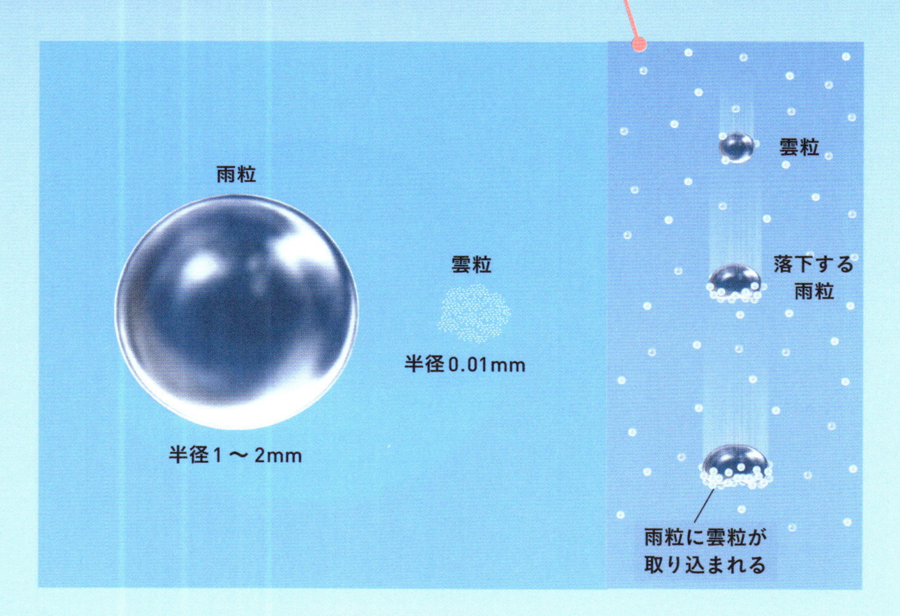

STEP 3

絵本などでは，雨粒の絵は頭のとがったしずくの形でえがかれることが多いが，これは正しい雨粒の姿ではない。雨粒は，実際にはまんじゅう形をしている。もともと雨粒は球形だが，大きくなると，落下の際に空気の抵抗でつぶれて横に広がるのである。

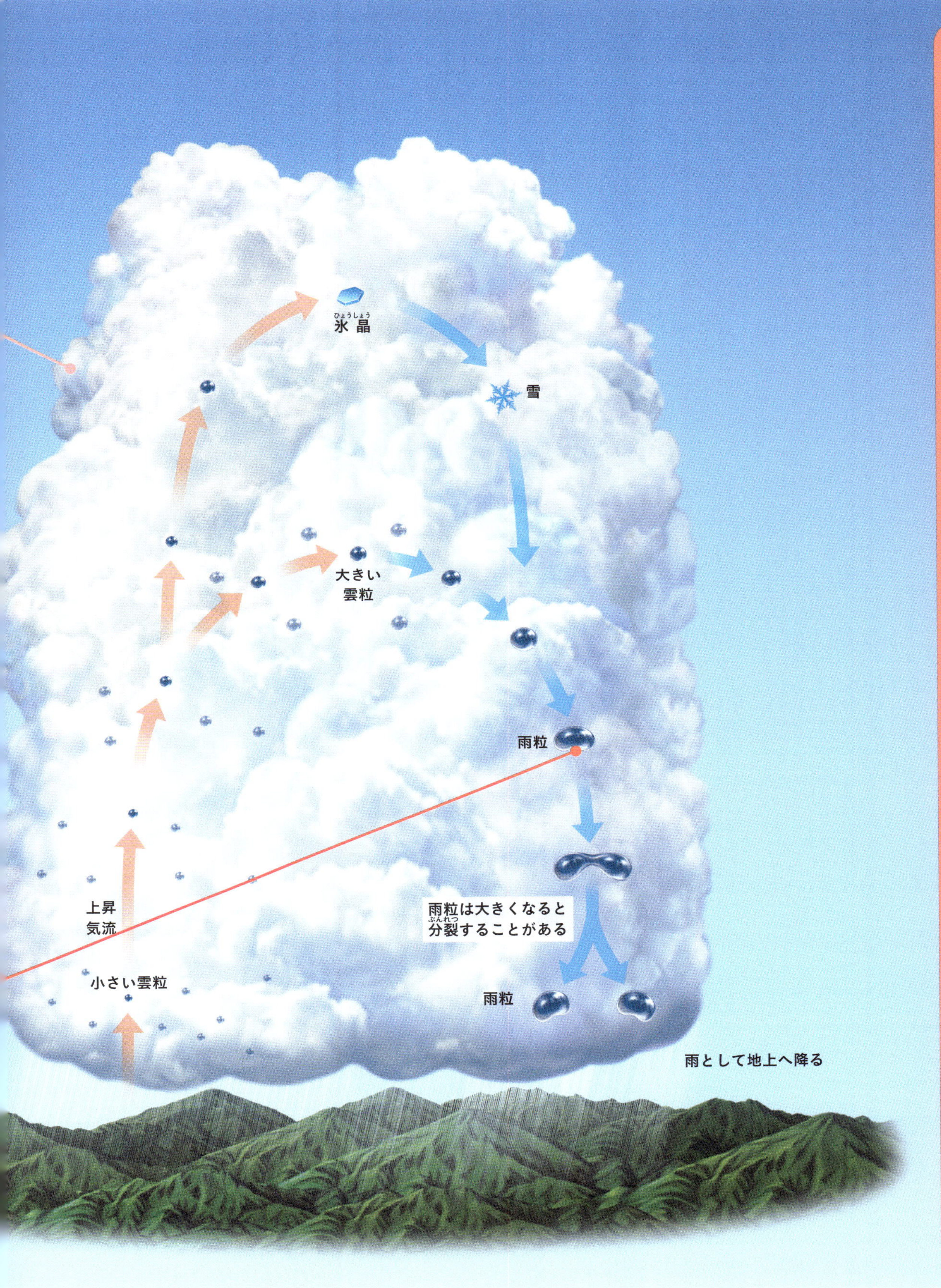
氷晶
雪
大きい
雲粒
雨粒
上昇
気流
雨粒は大きくなると
分裂することがある
小さい雲粒
雨粒
雨として地上へ降る

1 日々の天気を左右する「雲」と「雨」

「冷たい雨」と「暖かい雨」がある

STEP 1

上昇気流によって上空に運ばれた水蒸気は，冷えて水滴（雲粒），そして，氷の粒（氷晶）へと変化する。氷晶は周囲の水蒸気を吸収しながらしだいに大きくなり，やがて雪の結晶ができる。大きくなった雪の結晶が下降し，あられもできはじめる。雪やあられが気温0℃以上の層まで落下すると，とけて雨となる。これが「冷たい雨」だ。日本のような中・高緯度地域では，このメカニズムで雨が降ることが多い。

STEP 2

上昇気流によって運ばれる水蒸気が大量にあると，水滴となったのちに，周囲の水蒸気を吸収したり水滴どうしでくっついたりすることで大きくなる。そして，0℃より気温の低い空へ達する前に雨として落下してしまう。この場合，冷たい雨とちがって氷の状態を経由しない。これが「暖かい雨」である。大気中の水蒸気が多い低緯度地域や海上では，このメカニズムで降ることが多い。なお，暖かい雨の温度が，冷たい雨の温度よりも高いというわけではない。

1 日々の天気を左右する「雲」と「雨」

「雪」の結晶はどうやってできるのか

STEP 1

雪の結晶にはさまざまな形がある。これは，結晶が成長する雲の中の気温や水蒸気量のちがいによるものだ。雪の形は基本的に六角形をしている。これは，水分子（H_2O）のつながり方によるものだ。この水分子どうしが結合すると，安定した構造をもつ六角柱の氷の粒（氷晶）が生まれる。雪の結晶は，これを基本単位として成長するため，大きなものも六角形になるのである。

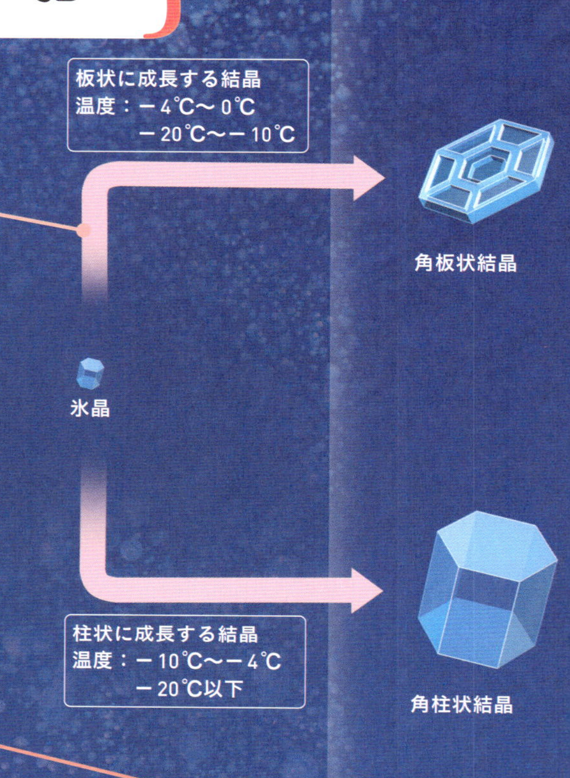

STEP 2

雪の結晶は，縦方向にのびていくか，横方向に広がっていくかのどちらか一方の方向性で成長していく。その方向性は気温で決まり，そのあとは水蒸気が多いほど結晶が大きく成長していく。雪の結晶の形には，数千メートル上空の結晶が成長する雲の中のようすが反映されているといえるのだ。

STEP 3

積乱雲の上のほうで生まれた氷の粒（氷晶）は，周囲の水蒸気を取り込んで成長し，雪の結晶となる。この雪の結晶がとけずに地上まで落下すると「雪が降る」のである。また，雪の結晶どうしがくっついて大きくなると「ぼたん雪」になる。雪が雲の中で落下しながら，過冷却の水滴（雲粒）をつかまえて成長したものが「あられ」だ。あられがふたたび上空へもどったり，落下したりをくりかえすと，大きな氷のかたまりの「ひょう」に成長する。

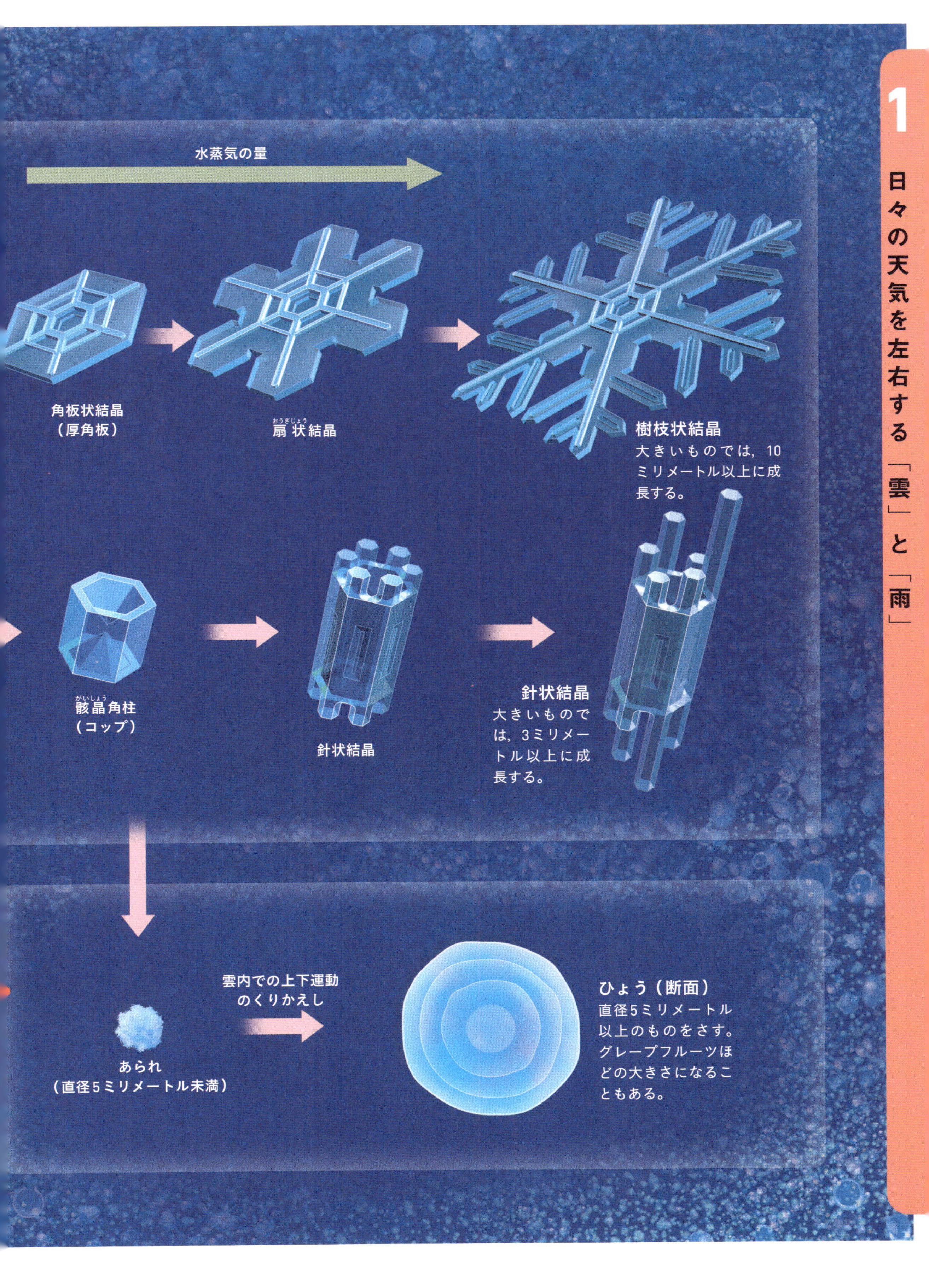
水蒸気の量
角板状結晶
（厚角板）
扇状結晶
樹枝状結晶
大きいものでは，10ミリメートル以上に成長する。
骸晶角柱
（コップ）
針状結晶
針状結晶
大きいものでは，3ミリメートル以上に成長する。
あられ
（直径5ミリメートル未満）
雲内での上下運動のくりかえし
ひょう（断面）
直径5ミリメートル以上のものをさす。グレープフルーツほどの大きさになることもある。

大雨をもたらす「積乱雲」の一生

STEP 2

積乱雲は強い上昇気流によって発生する。雲が限界の高さまで成長すると，上部が横に広がった「かなとこ雲」をともなうようになる。あられや雨が落下するときに周囲の空気を引きずりおろすため，雲の中で下降気流が生じるようになる。また，あられやひょうがとけるとき，周囲の空気から熱を奪うため，温度が下がり冷たい下降気流となる。

発達期

STEP 1

夏によくみかけるソフトクリームのような形をした「入道雲」。これがさらに成長して，雷活動をともなうか，頭が平らになった雲が積乱雲だ。水平方向の広がりは数キロ〜十数キロメートルで，高さは15キロメートルに達することもある。非常に分厚い雲なので，真上に来ると空が真っ暗になる。せまい範囲に雷をともなった強い雨をもたらすのが特徴だ。台風も積乱雲で構成されている（78ページ）。

上昇気流

STEP 3

こうして生じた下降気流は，上昇気流を打ち消すようになる。そして積乱雲は，生まれてからたった30分～1時間で寿命をむかえて消えてしまうのだ。積乱雲が生む下降気流が地面とぶつかって水平に流れると，地表の暖かい空気が持ち上げられて上昇気流が生じ，新しい積乱雲が生まれることがある。

「大気の状態が不安定」とはどんな状態？

STEP 1

天気予報では，「大気の状態が不安定」という言葉がよく使われる。これは，積乱雲が発生したり成長したりしやすい状況(じょうきょう)である，ということを意味している。では，どういうときに大気の状態は不安定になるのだろうか？

STEP 2

積乱雲が発達するには，地表から持ち上げられた空気のかたまりが，上昇(じょうしょう)気流となって上空へどんどんと高く上っていく必要がある。通常，上空の空気は地上よりも低温である。また，上空へ持ち上げられた空気のかたまりは，膨張(ぼうちょう)して温度が下がる（4ページ）。このとき，上昇した空気の温度が周囲よりも高ければ，空気のかたまりは周囲よりも軽く，さらに上昇する。つまり，上空の温度が低いほど，空気は高く上昇することができるのだ。

STEP 3

地表付近の空気が湿(しめ)っていることも，空気を上昇させやすくする原因となる。実は，湿った空気が上昇するときは，乾(かわ)いた空気よりも，温度の下がり方がゆるやかになる。空気中の水蒸気は，空気の温度が下がると水滴(すいてき)（雲粒(うんりゅう)）に変わる。水蒸気は水に変化するときに，周囲に熱を放出するため，雲の中の湿った空気の温度の下がり方がゆるやかになるのである。つまり，湿った空気のかたまりは，乾いた空気よりも低い空で上昇しやすいのだ。

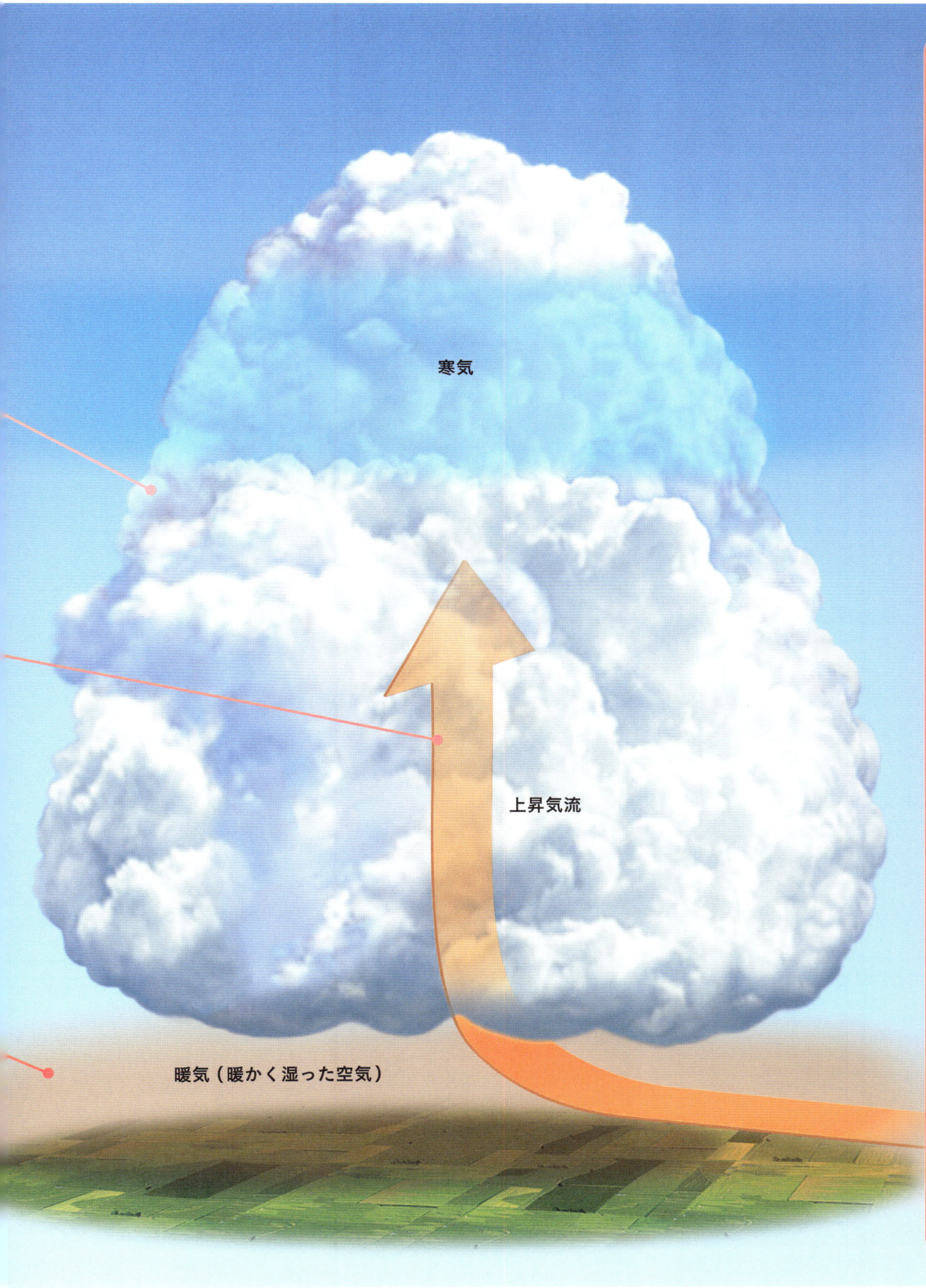

寒気
上昇気流
暖気（暖かく湿った空気）

1 日々の天気を左右する「雲」と「雨」

「雷（かみなり）」は雲や地面との間でおこる放電現象

STEP 2

なぜ，雲の中で電気が生まれるのか。積乱雲の中で静電気を生み出すのは，氷晶（ひょうしょう）とあられだと考えられている。氷晶やあられがぶつかり合っている間に，氷晶はプラスに，あられはマイナスに帯電するのだ。やがて，氷晶は軽いため雲の上部に，重いあられは雲の下部に集まり，積乱雲の下部は主にマイナスに帯電する※。

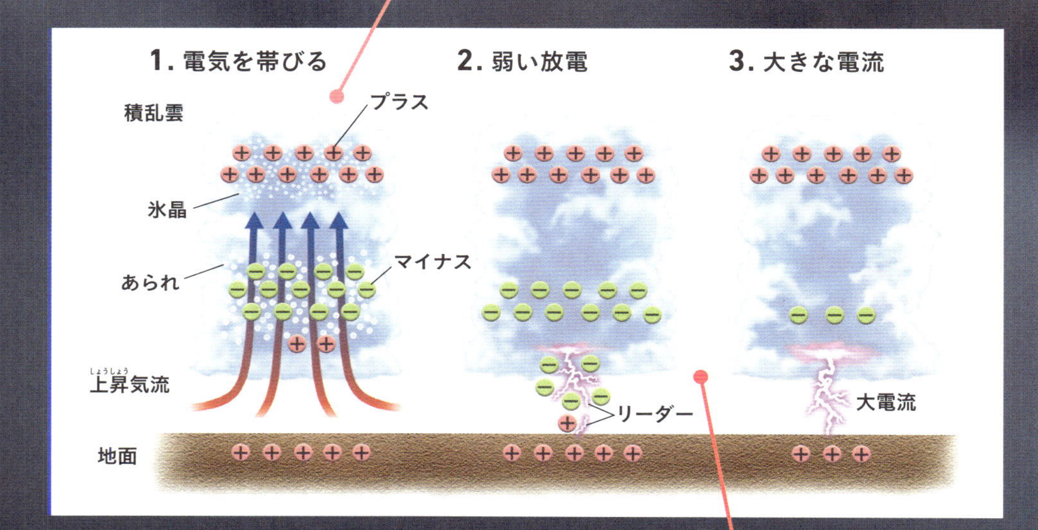

STEP 3

積乱雲の下部のマイナスの電荷に引き寄せられることで，地表はプラスに帯電する。弱い放電である「リーダー」が雲側からも地面側からも発生する。リーダーがつながると，大きな電気が流れる。これが落雷（らくらい）がおこるしくみだ。落雷の際には地面と雲との間を流れる電流の通り道が光ってみえる。これが稲妻（いなずま）である。

雷は積乱雲から発生する。雲の内部や雲と地面との間で大きな電圧（電位差）が生じたときに，その状態を解消するように空気の中を電流が流れる。この現象を「放電」という。本来，空気は電流を流さない「絶縁体」であるが，非常に高い電圧をかけられると瞬間的に電流が流れることがあるのだ。

※：雲の最下層がプラスに帯電することもある。

1 日々の天気を左右する「雲」と「雨」

Q&A

Q/ 積乱雲はどこまで高くのびることができるか？

A/ 積乱雲は上昇気流によって高くのびていくが，その高さには限界がある。14ページのイラストなどをみると，積乱雲の雲頂部が水平に広がっていることがわかる。これはかなとこ雲とよばれている。

大気の状態が非常に不安定なときには，「対流圏」と「成層圏」の境目（対流圏界面）にあたるところまで積乱雲が発達することがある。しかし，それ以上高く積乱雲が成長することはない。空気は冷えながら上昇するが，上昇しつづけるためにはまわりの気温よりも高温な状態を維持する必要がある。しかし，成層圏は上空に向かって高温になるため，上昇流は対流圏界面で止まってしまうのだ。

なお，地球の大気は，地表から近い順に対流圏，成層圏，「中間圏」「熱圏」の四つの圏に分類されている。四つの圏は，空気の薄さで分類されているわけではなく，高度が上がることにともなう気温の変化のしかたで分類されている。

Q/ 雲は何種類あるのか？

A/ 雲は，出現する高さと形で10種類に大きく分類できる。これを「十種雲形」という。世界気象機関が発刊している「International Cloud Atlas」には，十種雲形や，これをさらに細分化した雲の分類体系が定められている。

まず高さの分類では，上空5～13キロメートルで，対流圏のうち高い空に浮かぶ雲は「上層雲」，上空2～7キロメートルの高さに浮かぶ雲は「中層雲」，2キロメートル以下の低い高度に出現するものは「下層雲」とよばれる。

上層雲の中には「巻雲」「巻積雲」「巻層雲」があり，中層雲には「高積雲」「高層雲」「乱層雲」が，下層雲には「層積雲」「層雲」「積雲」「積乱雲」がある。また，上層雲の名前には「巻」がつき，乱層雲以外の中層雲に

は「高」がつく。そして，横に広がる（層状の）雲には「層」が，積み重なるように上に成長する雲には「積」が，雨や雪を降らせる雲には「乱」がつく。ただし，積乱雲や乱層雲は雲底が下層にあり，雲頂が中層や上層に達する厚みのある雲である。

Q/ 雲の形や色はどうやって決まるのか？

A/ 雲にはさまざまな形のものがある。この雲の形をつくるのは，空気の動きである。たとえば上昇気流が強ければ，モコモコとした立体的な形になり，空気がゆるやかな勾配で上昇している場合は横に広がる。そして，風によっても，雲は形を絶え間なく変えている。

水滴や氷の粒でできている雲には，本来色はない。しかし実際には，雲は白くみえたり灰色にみえたりする。この雲の色を決めるのは光である。雲の粒は光の波長よりも大きく，雲の粒に当たった太陽光は散乱される。このとき，光の波長（色）に関係なく散らばるため，雲からの光にはさまざまな波長がまざる。そのため，基本的な雲の色は白いのだ。

一方，雨雲はどんよりとした灰色にみえる。これは雲に厚みがあり，光が雲の中で散らばりすぎて，雲の底に届くころには光が弱まってしまうからである。

Q/ 強い雨が降れば，窓掃除や洗車をしたことになる？

A/ 「網戸に洗剤をつけて台風の暴風雨にさらせば掃除ができる」という投稿が，以前SNSで話題になったことがある。しかし，残念ながらこれはまちがいである。なぜなら，雨はきれいな水ではないからである。雨粒は，エアロゾルが雲凝結核となった雲粒子が成長したものだ。しかも，空から降ってくる間にもエアロゾルを取り込むので，雨水が蒸発すればちりやほこりが残る。雨の中で車を走らせたあと，その雨が乾くと車が汚れているのも，エアロゾルのしわざである。また，新雪もかき氷のようでおいしそうだが，とけると砂や土のようなものが出てくる。これも雪の中にエアロゾルが含まれているからである。

Q/ 雷が発生したときに，とるべき行動とは？

A/ 雷が落ちやすいのは，周囲より高いところや物である。つまり雷が発生しているときに，広い公園や野球場，ゴルフ場，海上や河川敷，砂浜などの広くて平らなところに人が立っているのは危険であり，すみやかに安全な場所に避難する必要がある。釣り竿やゴルフクラブのような長いものを持っている場合，それを体よりも高く突き出したりすることは，より危険な行為だといえる。

また，雷が発生しているときは土砂降りの雨になっていることが多いため，つい家の軒先や木の下などに雨宿りしたくなるが，これも非常に危険な行為だ。木のほうが人体よりも背が高いので，雷は最初は木に落ちる。しかし，木よりも人体のほうが電流を通しやすいため，木に落ちた雷が，途中で経路を変えて木の下にいる人体を経由して地面に到達することがあるのだ。このような雷のことを「側撃雷」という。

では，安全な場所はどこなのだろうか。まずは，建物（とくに鉄筋コンクリートの建物）の中である。車の中も安全な場所だといえる。このような場所に避難できない場合には，とにかくすぐに高い木や電柱から4メートル以上は離れよう。

2 日本の四季はどのようにして生まれるのか

気温の源は太陽からのエネルギー

STEP 1

気象に最も大きな役割を果たす要素は「気温」だ。気圧や湿度は気温に大きく左右される。その気温の源は，太陽からのエネルギーである。

STEP 2

太陽から地球に届くエネルギーを100％として，その約49％が地表を温めるのに使われている。温められた地表からの熱が，空気を温め，気温が上がる。また，約20％は雲や大気中の水蒸気を温めるのに使われ，残る31％のうち，22％は雲に，9％は地表の雪などに反射して宇宙にもどされている。

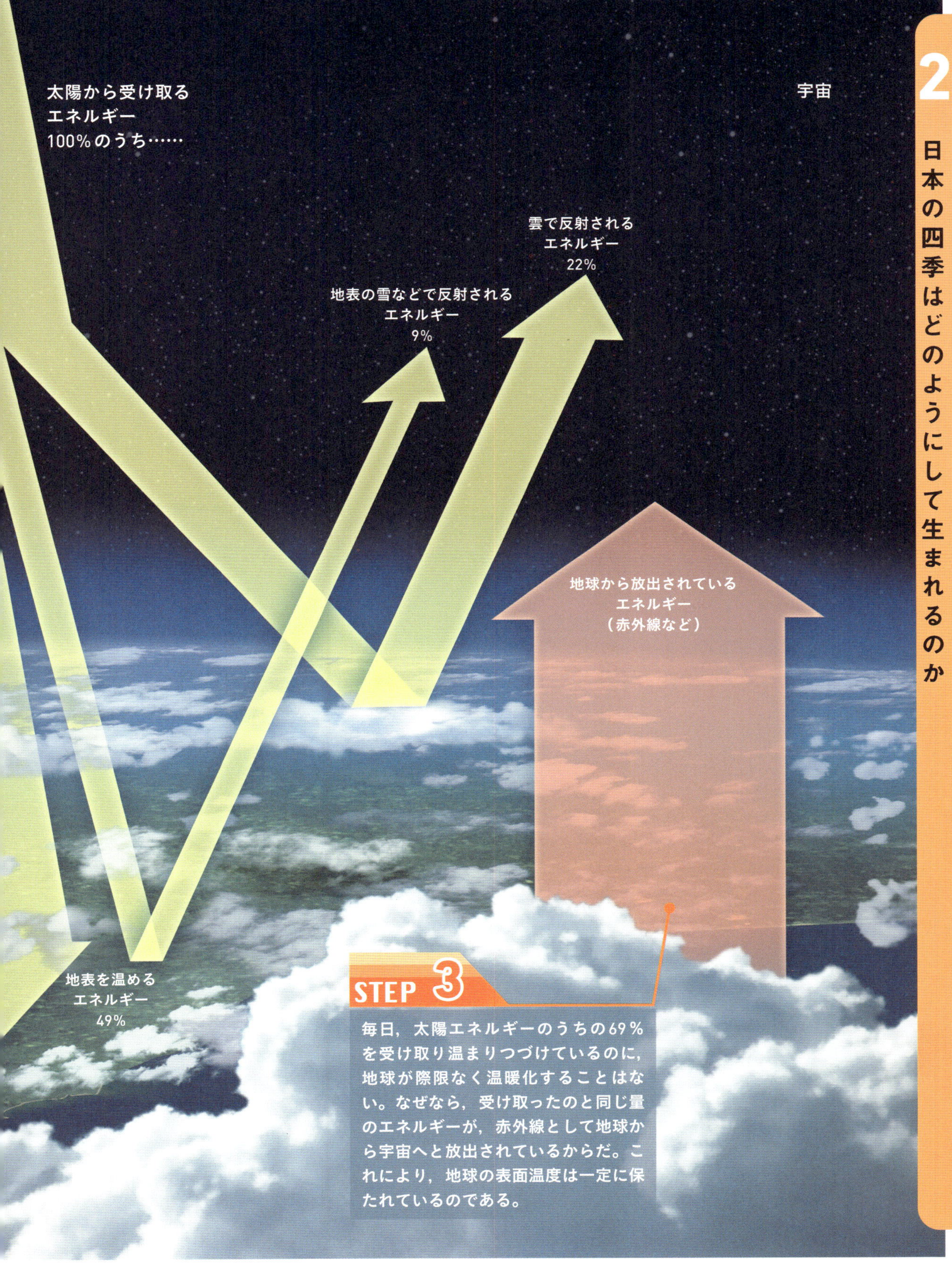

STEP 3

毎日，太陽エネルギーのうちの69％を受け取り温まりつづけているのに，地球が際限なく温暖化することはない。なぜなら，受け取ったのと同じ量のエネルギーが，赤外線として地球から宇宙へと放出されているからだ。これにより，地球の表面温度は一定に保たれているのである。

2 日本の四季はどのようにして生まれるのか

天気を左右する「低気圧」と「高気圧」

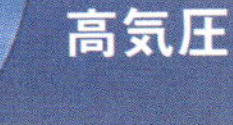

風が吹き出す

STEP 2

一方，周囲とくらべて温度の低い空気は，縮んで密度が高くなる。すると，空気が縮んだ分，上空で周囲から空気が流れ込み，地上（海上）から上空までの空気の重さが周囲とくらべて大きくなる。そのため，地上（海上）の気圧が高くなり「高気圧」となる。高気圧はまわりより気圧が高いので，中心から風が吹き出す。そして高気圧の中心付近では下降気流が発生する。

STEP 3

気圧に差があると，空気はその差を埋めるように動く。つまり，高気圧から低気圧へ向かって風が吹くことになる。また，気圧の差が大きくて急激なほど（一定距離あたりの気圧の差が大きいほど）強い風が吹く。

STEP 1

地上（海上）の空気の温度は，場所や時間によってことなる。周囲とくらべて温度の高い空気は，膨張して密度が低くなる。すると，地上（海上）から上空までの空気の重さが周囲とくらべて小さくなる。そのため，地上（海上）の大気の圧力が低くなり「低気圧」となる。低気圧は周囲より気圧が低いので，低気圧の中心へ向けて風が吹き込む。そしてそこで上昇気流が発生する。

2 日本の四季はどのようにして生まれるのか

日本の「四季」は四つの高気圧で決まる

STEP 4

冬は，放射冷却などによってシベリアの大地が非常に冷え込む。すると，地表付近の空気も冷やされて重くなり，高気圧ができる。大陸でできた高気圧なので，水蒸気の量が少ない。この「シベリア高気圧」から吹き出す風は，冷たく乾燥しており，日本に「冬の寒い北風」をもたらす原因となる。

シベリア高気圧

STEP 3

春と秋は，低気圧と高気圧が西から東へと移動して天気が数日ごとの周期で変化しやすくなる。このときの高気圧は中国大陸由来の暖かく乾いた空気でできており，高気圧のもとでは気持ちのよい晴天が望める。この高気圧が移動するのは，上空の偏西風（60ページ）によるもので，「移動性高気圧」とよばれている。

移動性高気圧

STEP 1

日本の四季の変化をもたらすのは，主に四つの高気圧である。季節によって性格のちがう高気圧が日本にはり出し，天候に影響をあたえる。春の後半から夏にかけては，冷たく湿った空気でできた「オホーツク海高気圧」ができやすくなる。この高気圧が居座ると，北海道や東北地方に「やませ」とよばれる冷たい風が吹く。また，南にある太平洋高気圧との境目には梅雨前線ができる。

オホーツク海高気圧

太平洋高気圧

STEP 2

「太平洋高気圧」は，赤道付近で温められて上昇した空気が下降する場所にできる。大気の循環という大規模なしくみで発生する，非常に安定した高気圧だ。夏になると赤道付近の上昇気流の場所も，その北の下降気流の場所も北上するため，太平洋高気圧が日本付近をおおうようになる。非常に暖かく湿った空気をともなうため，夏は蒸し暑くなるのである。

2 日本の四季はどのようにして生まれるのか

暖かい風が強く吹き込む「春一番」

STEP 2

冬の間はシベリア高気圧が日本付近にはり出し強い北西の風を吹かせている。この時期も低気圧は偏西風に乗って日本に近づくが，偏西風が本州の南を吹くことが多いため，日本海にはあらわれにくい。しかし，春が近づいてくるとシベリア高気圧から吹く北西の風も弱まり，偏西風もやや北上する。すると，低気圧が日本海を通りやすくなる。こうして，太平洋側から日本海側に強い風が吹くのである。

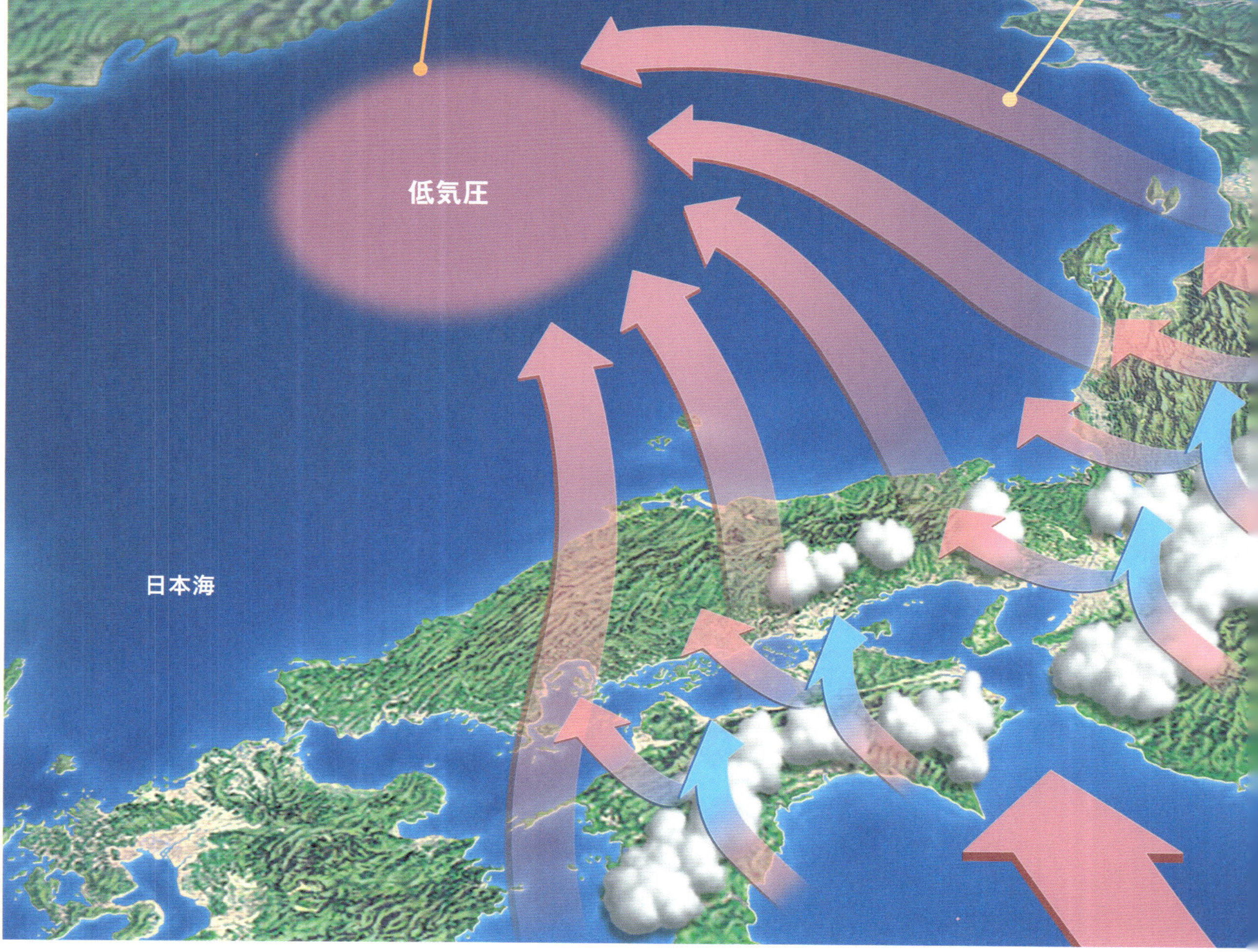

低気圧

日本海

STEP 1

２月なかばになると，きびしい寒さがいち段落し，北風にかわって生暖かく強い南風が日本列島に吹き込む日が出てくる。その風のうち，最初のものを「春一番」とよぶ。日本海にある低気圧に向かって，太平洋側にある高気圧から風が吹き込むことでおこる。

STEP 3

日本に吹く南からの風は，太平洋上で水蒸気を吸収してくる。この風が日本列島の山地をこえる際に上昇気流となり，雲を発生させて太平洋側の各地域に雨を降らせる。尾根をこえた空気は，雨によって水蒸気を失う。また，空気は山を吹きおりる際に高温となる。そのため，日本海側には太平洋側よりも高温で乾燥した風が吹くのである。このような現象を「フェーン現象」とよぶ。

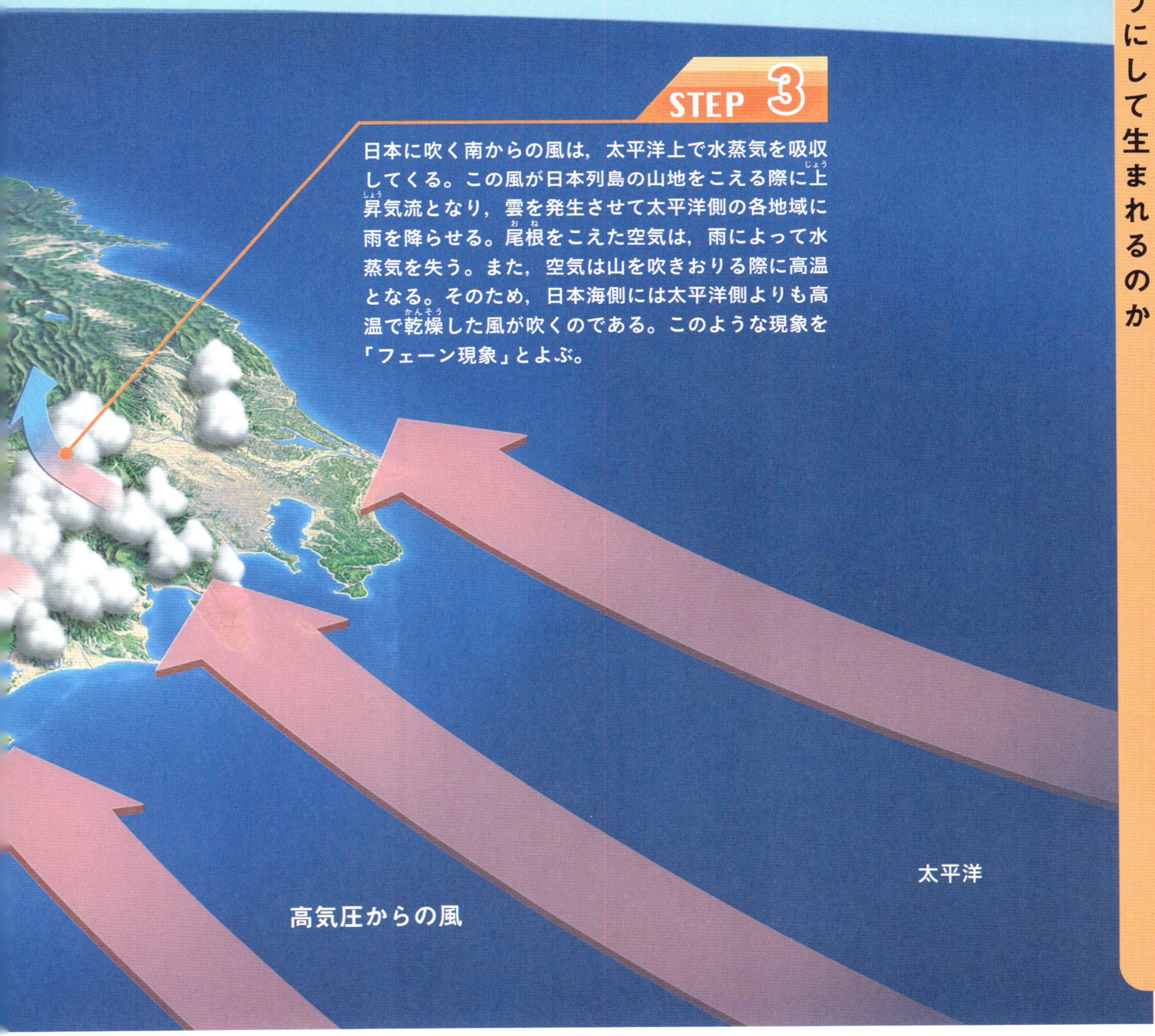

太平洋

高気圧からの風

2 日本の四季はどのようにして生まれるのか

二つの高気圧がせめぎ合う「梅雨」

STEP 2

オホーツク海高気圧が強まる理由の一つは，上空を流れる偏西風の影響だ。この時期の偏西風は，ヒマラヤ山脈の西側にぶつかって，南北に分かれるようになる。このとき，ヒマラヤの北の流れは日本付近で大きく北に蛇行する。この蛇行から下流にかけて，空気は下降しやすくなるため，オホーツク海周辺に高気圧ができるのだ。またこの時期，インド洋から大陸に向けて「アジアモンスーン」とよばれる湿った暖かい風が吹く。この風によって日本へ水蒸気が運ばれ，それが長雨を生み出す要因となっている。

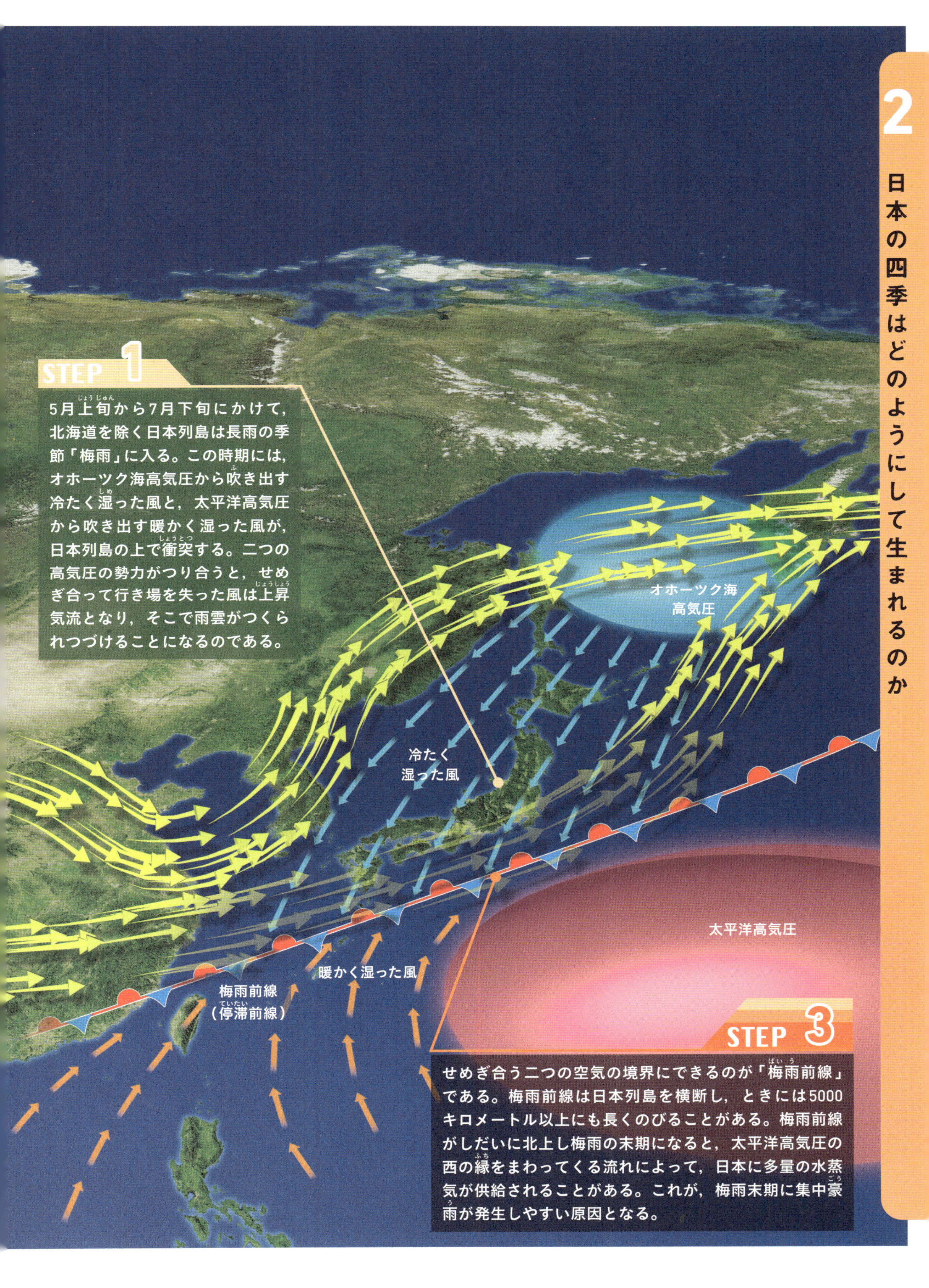
STEP 1
5月上旬から7月下旬にかけて，北海道を除く日本列島は長雨の季節「梅雨」に入る。この時期には，オホーツク海高気圧から吹き出す冷たく湿った風と，太平洋高気圧から吹き出す暖かく湿った風が，日本列島の上で衝突する。二つの高気圧の勢力がつり合うと，せめぎ合って行き場を失った風は上昇気流となり，そこで雨雲がつくられつづけることになるのである。
オホーツク海
高気圧
冷たく
湿った風
太平洋高気圧
暖かく湿った風
梅雨前線
（停滞前線）
STEP 3
せめぎ合う二つの空気の境界にできるのが「梅雨前線」である。梅雨前線は日本列島を横断し，ときには5000キロメートル以上にも長くのびることがある。梅雨前線がしだいに北上し梅雨の末期になると，太平洋高気圧の西の縁をまわってくる流れによって，日本に多量の水蒸気が供給されることがある。これが，梅雨末期に集中豪雨が発生しやすい原因となる。

2 日本の四季はどのようにして生まれるのか

日本の「蒸し暑い夏」を生み出すものとは

STEP 2

近年，日本では記録的な猛暑がつづいている。この原因の一つは，太平洋高気圧の勢力が非常に強い状態がつづいたことだ。そしてもう一つは，「チベット高気圧」とよばれる大気上層にできる高気圧が原因となっている。これが太平洋高気圧の上にかぶさるようにして，日本上空を長くおおいつづけることで，より暑い空気におおわれて，猛暑がつづくのである。

チベット高気圧

STEP 1

夏には，東の海上で発達する「太平洋高気圧」が日本付近まではり出してくる。太平洋高気圧から吹き出す温度の高い空気は，海上を流れる間にたくさんの水蒸気を含むようになる。この空気が日本に暑くて湿っぽい風をもたらすのである。この太平洋高気圧がさらにはり出し，日本列島全体をすっぽりとおおうと，夏らしい晴天がつづくようになる。

STEP 3

2018年7月23日に41.1℃の日本歴代最高気温を記録するなど，埼玉県熊谷市は日本有数の猛暑スポットとして知られている。その理由の一つとして考えられるのが，西寄りの風が秩父山地をこえるときなどにおこるフェーン現象だ。また，東京湾から吹いてくる海風が，都市部のヒートアイランド現象によって温められることもその一つだとされている。そういった複数の要因が重なり，猛暑スポットが生まれると考えられる。

2 日本の四季はどのようにして生まれるのか

うつろいやすい「秋の空」

STEP 1

日射量が減少する秋になると，夏の暑さをもたらしていた太平洋高気圧の勢力が弱まる。かわって南下してくる偏西風(へんせいふう)にともなって，中国大陸から低気圧や高気圧が日本付近にやってくるようになる。この高気圧は，太平洋高気圧のように同じ場所にとどまるものではなく，偏西風にしたがって東へ移動することから「移動性高気圧」とよばれている。

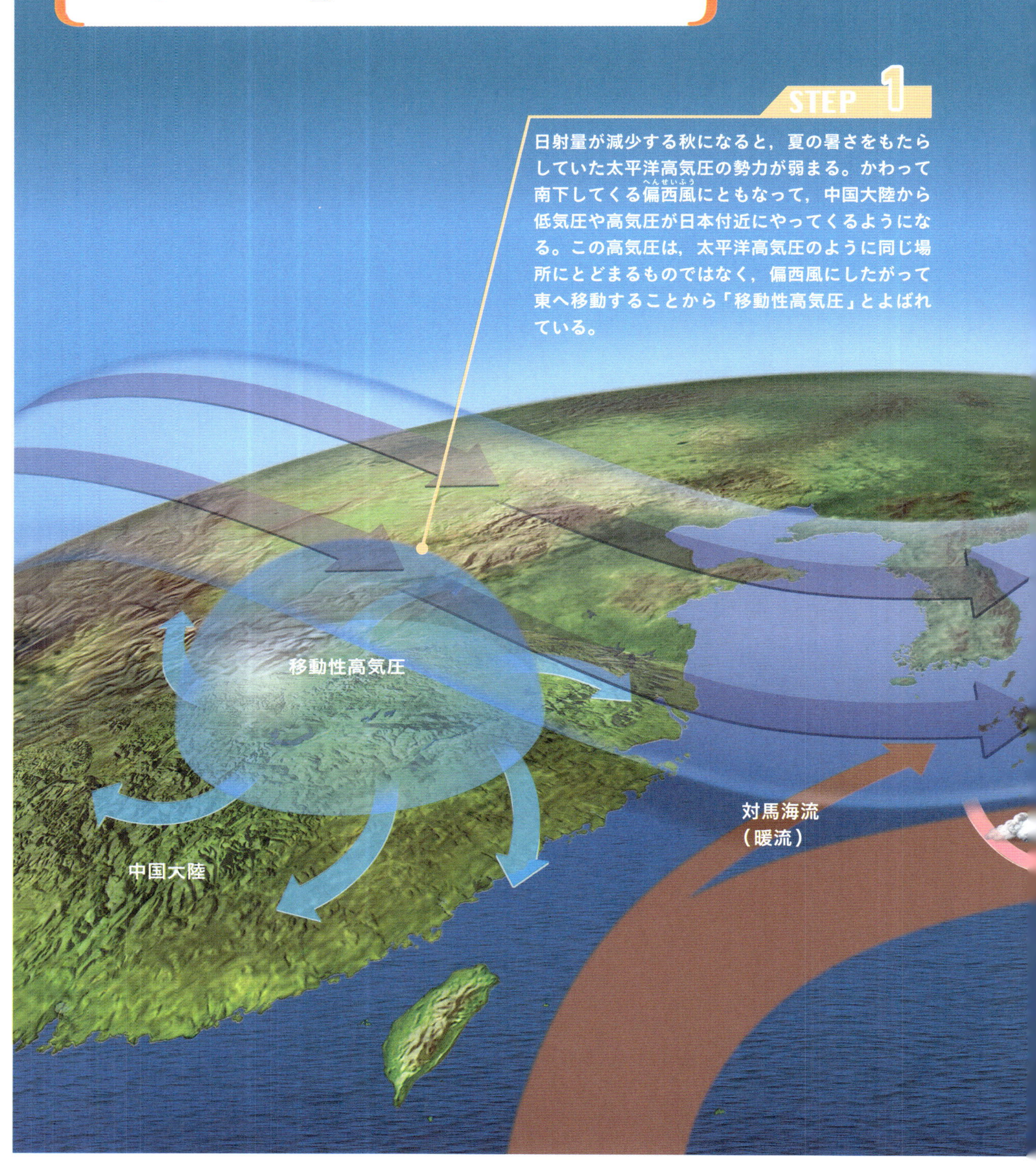

STEP 2

偏西風にともなってやってくる移動性高気圧と低気圧のうち，低気圧が日本の南を流れる「黒潮」や日本海へ流れ込む「対馬海流」などの暖流の上を通過すると，海上の熱や水蒸気を吸収した空気が上昇し，雲が発達する。そして天気がくずれるのだ。逆に，移動性高気圧がやってくると天気は晴れる。秋の天気が変わりやすい理由はこのためである。同様の理由で，春の天気も変わりやすい。

黒潮（暖流）

低気圧

冬の日本に大雪をもたらす「JPCZ」

シベリア高気圧

STEP 1

冬になると，ユーラシア大陸内陸部のシベリアは−40℃にまで達する。すると，そこにある空気も冷やされて重くなり，「シベリア高気圧」とよばれる高気圧が生まれる。逆に，日本の東側にある太平洋など，海は相対的に温かいため，低気圧が生まれる。これがいわゆる「西高東低の冬型の気圧配置」だ。この気圧配置になると，シベリア高気圧から日本の東にある低気圧に向かって，「冬の季節風」とよばれる冷たい風が吹き出す。

STEP 2

冬の季節風は，本来は冷たく乾燥した風だ。しかし，日本海を通るときに，水蒸気が供給される。日本海は暖流の「対馬海流」が流れているため，冬でも比較的暖かく，活発に蒸発して季節風に水蒸気を供給する。こうして日本海で水蒸気を吸収した季節風が雲をつくり，その雲が日本海側に大雪をもたらす。日本が中緯度にありながら，世界有数の豪雪地帯となっているのはこのためだ。

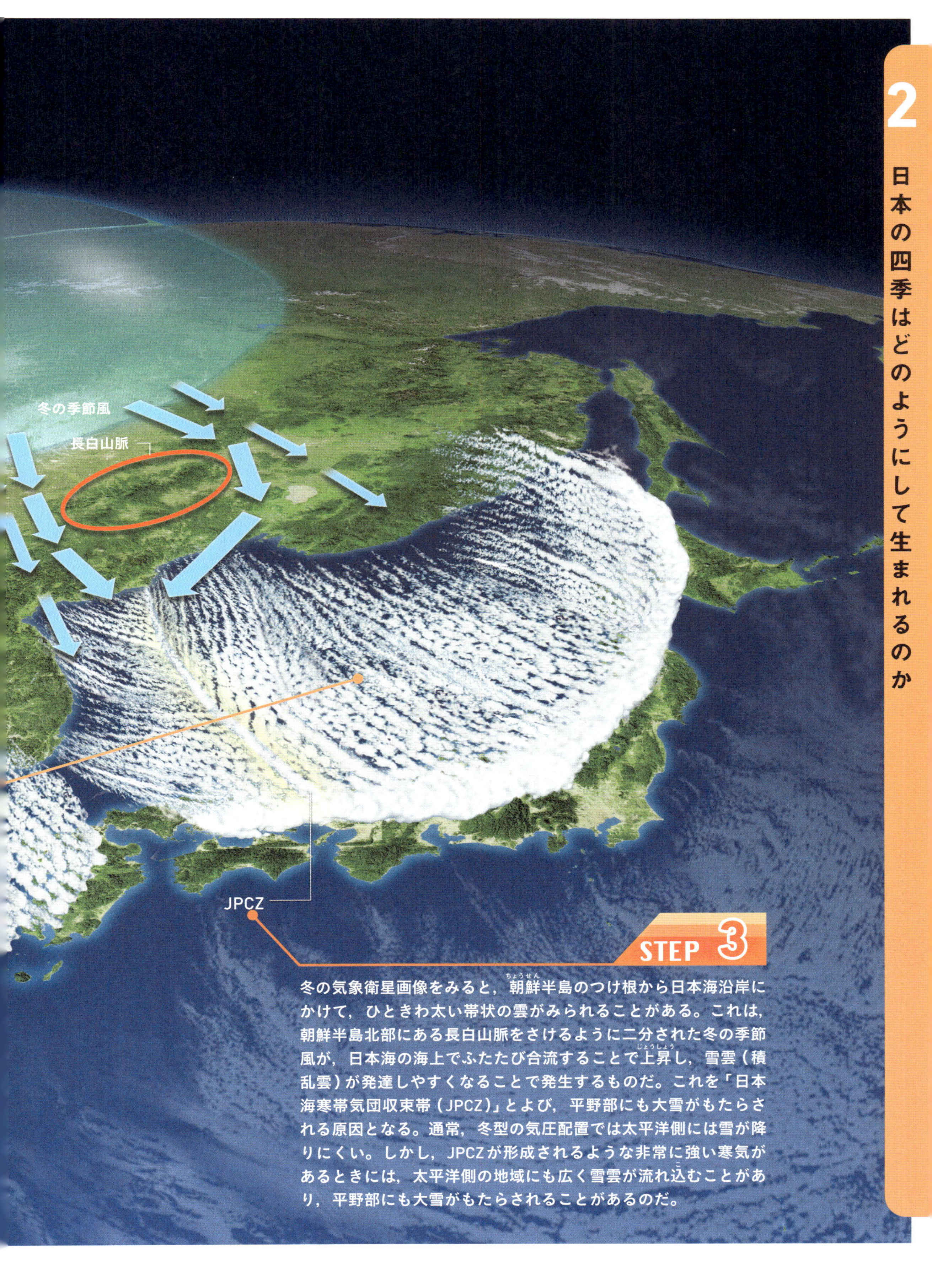

STEP 3

冬の気象衛星画像をみると，朝鮮（ちょうせん）半島のつけ根から日本海沿岸にかけて，ひときわ太い帯状の雲がみられることがある。これは，朝鮮半島北部にある長白山脈をさけるように二分された冬の季節風が，日本海の海上でふたたび合流することで上昇（じょうしょう）し，雪雲（積乱雲）が発達しやすくなることで発生するものだ。これを「日本海寒帯気団収束帯（JPCZ）」とよび，平野部にも大雪がもたらされる原因となる。通常，冬型の気圧配置では太平洋側には雪が降りにくい。しかし，JPCZが形成されるような非常に強い寒気があるときには，太平洋側の地域にも広く雪雲が流れ込むことがあり，平野部にも大雪がもたらされることがあるのだ。

2 日本の四季はどのようにして生まれるのか

Q&A

Q/ 「前線」とはいったい何か？

A/ 天気図によく登場する前線は，暖かい空気（暖気）と冷たい空気（寒気）の境界にできる。前線付近では雨が降ることが多い。ちょうど日本は前線ができやすい場所にある。南北に温度差の大きい中緯度帯に位置するからだ。

前線には，「温暖前線」「寒冷前線」「閉塞前線」「停滞前線」の4種類がある。温暖前線では，暖気が寒気の上をはい上がり，それにともなってさまざまな種類の雲が発生する。温暖前線付近にできる乱層雲からは，おだやかな雨が降ることが多い。寒冷前線は，寒気が暖気の下にもぐり込んで進むことで発生する。暖気が強く上昇するため，積雲や積乱雲が発生し，はげしい雨が降る。閉塞前線は，寒冷前線が温暖前線に追い付いてできる。閉塞，寒冷，温暖前線の交点付近では強い雨が降りやすい。停滞前線は，暖気と寒気の勢力が同等な場合に，ほぼ動かずに東西にのびるようにして発生する。梅雨をもたらす梅雨前線や，秋に発生する秋雨前線があげられる。

Q/ なぜ，春先に大雪になることがあるのか？

A/ 日本列島に春をもたらすのは「温帯低気圧」だ。温帯低気圧は，南北に温度差が大きくなるときに発生するが，春先は北側の寒気がまだ非常に低温になることがあるため，温帯低気圧の通過時に大雪になることがあるのだ。2月から3月ごろ，温帯低気圧は日本付近を西から東へと通過することが多くなる。低気圧に向かって暖気が入ると日本付近の気温が上がり，かわって大陸の高気圧がやってくると気温が下がる。こうして，寒い日と暖かい日をくりかえしながら徐々に暖かくなっていく。

春を連れてくる温帯低気圧だが，春先には急速に発達し，台風と変わらないほど強い風が吹くこともある。俗に「爆弾低気圧」とよばれるものだ。たとえば春先に北海道付近で温帯低気圧が発達すると，強い雪や風により大きな災害がおこることがある。とくに警戒が必要なのが，強い風をともなう雪が降ったり，積もった雪が強い風で巻き上げられたりする「暴風雪」だ。暴風雪がおこると，あたり一面が真っ白になる「ホワイトアウト」がおこり，車が立ち往生したり，歩いている人が凍死したりすることがある。できるかぎり外出しないことが望ましい。

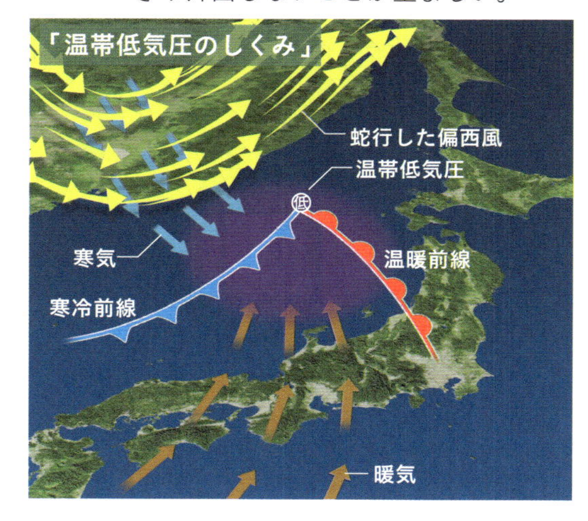

Q/ 梅雨が長引くと，冷夏がおこりやすい？

A/ 平年にくらべて6～8月ごろの気温が低いと「冷夏」とよばれる。冷夏にはいくつかのパターンがある。たとえば，太平洋高気圧の勢力が弱いと，梅雨が長引き，全国的に冷夏となることがある。また太平洋高気圧の勢力が強く，西日本から東日本がおおわれて暑くなる場合でも，オホーツク海高気圧との間に前線が停滞するなどして，北日本では北東の風が吹いて涼しく，梅雨が明けずに冷夏となる場合もある。太平洋高気圧の勢力が南にかたより，とくに北日本から東日本にかけて気温があまり上がらない場合もある。

Q/ 夏でも「ひょう」が降ることはあるのか？

A/ ひょうとは，積乱雲から降る直径5ミリメートル以上の氷のかたまり（13ページ）で，ときには5センチメートルをこえるほど大きく成長することもある。建物や車をへこませたり，人の頭上に落ちてけがをさせたりするなど，たいへん危険な現象だ。また，野菜の生育期に降ると，農作物の葉や果実に傷がついたり，ビニールハウスに穴が開いたりして，農家にも打撃をあたえる。

ひょうをもたらす積乱雲は，夏の空でおなじみの入道雲が発達したものだ。丸く成長した氷のかたまりが，積乱雲の中で上昇気流に乗って上空にもどったり，落下したりをくりかえしながら成長してできる。基本的には，夏にできた積乱雲からは雨が降る。しかし，地上と上空の気温差が大きく，雲の中の上昇気流が強くてひょうが大きく成長すると，落下する途中にとけきらないことがあるのだ。これが夏であってもひょうが降ることがある理由である。

Q/ 「ヒートアイランド現象」とは？

A/ ヒートアイランド現象とは，都市部の気温が周囲にくらべて高くなるという現象だ。都市は地面がアスファルトでおおわれていて緑が少ないため，緑地とくらべると気温が急激に上がりやすい傾向にある。また，都市部ではエアコンの室外機や車の排ガスなどによる排熱も多く，これらの熱も地表付近にたまる。さらに，ビルが林立していて風が通りにくく，地表付近にたまった熱がこもりやすくなる。これらがヒートアイランド現象の原因だと考えられている。

Q/ 冬のオホーツク海はなぜ凍る？

A/ 冬のオホーツク海でみられる流氷は海が凍った海氷で，1月なかばに知床半島に到達し，2月には半島周辺の海が氷でうめつくされる。観光スポットとしても大人気だ。しかし，なぜオホーツク海は凍るのだろうか。

冬のシベリアからは，－40℃にも達する強い寒気がやってくるが，この寒気だけではオホーツク海全体が凍ることはない。大きな役割を果たすのが，アムール川から流れ込む淡水だ。アムール川は全長約4400キロメートルあり，モンゴル高原から中国，ロシアの国境をぬけてオホーツク海に流れ出る。

オホーツク海の表層50メートルには，主にアムール川から供給される水によって，塩分の薄い層ができる。冷たい表層水は下の温かい水と入れかわろうとするが，アムール川からの淡水によって塩分濃度を薄められるため，下に沈むことができない。すると，表層水は急激に冷やされて凍りはじめるのである。

3 日々の暮らしに欠かせない天気予報

陸・海・空，そして宇宙からも情報収集

STEP 1

私たちの日常生活にとって，天気予報は欠かせない情報となっている。正確な天気予報ができるよう，気圧，気温，風向・風速，水蒸気量などといった観測データが，さまざまな機器によって収集されている。その範囲は，地上や海上はもちろん，上空は対流圏よりもさらに高い領域にまでおよぶ。

それぞれの観測機器がカバーする高度

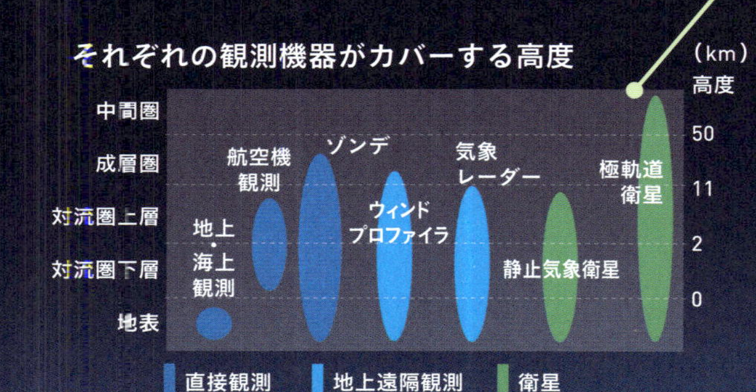

STEP 2

地上では，気象台や自動観測装置がその地点の気象を直接観測している。日本国内で運用されている地域気象観測システム，通称「アメダス（Automated Meteorological Data Acquisition System）」は，全国各地の気温や湿度，雨量といった気象データを自動で収集している。ほかにも，「気象ドップラーレーダー」や「ウィンドプロファイラ」が地上から電波を放ち，上空の雨雲や風をとらえている。また，海上でも，船やブイが国際協力のもと気象観測を行っている。

STEP 3

上空では航空機や気象衛星などが気象観測を行っている。たとえば極軌道を周回する衛星は，「マイクロ波放射計」などで気温や水蒸気量などの情報を取得している。ゾンデや航空機による高層大気の直接観測は，地上にくらべて数が少ないため，気象衛星の観測がこれをおぎなっている。気象衛星は，アメリカ，ヨーロッパ，日本，中国，インドなどが国際協力のもと運用している。

宇宙に“静止”※して雲の動きを常時監視―静止気象衛星

日本の静止気象衛星「ひまわり9号」

地球全体を観測
―極軌道衛星

乗客を乗せながら気象観測
―航空機気象観測

風

ゾンデ

世界で一斉に気球をあげて
同時観測―ゾンデ

もどってきた
電波

発射した
電波

観測機器

気象観測船

風に電波を当てて観測
―ウィンドプロファイラ

漂流ブイ

※：地球の自転と同じ周回周期をもつため，地球上からは赤道上空に“静止”しているようにみえる。

3 日々の暮らしに欠かせない天気予報

スーパーコンピューターで未来の天気を予測

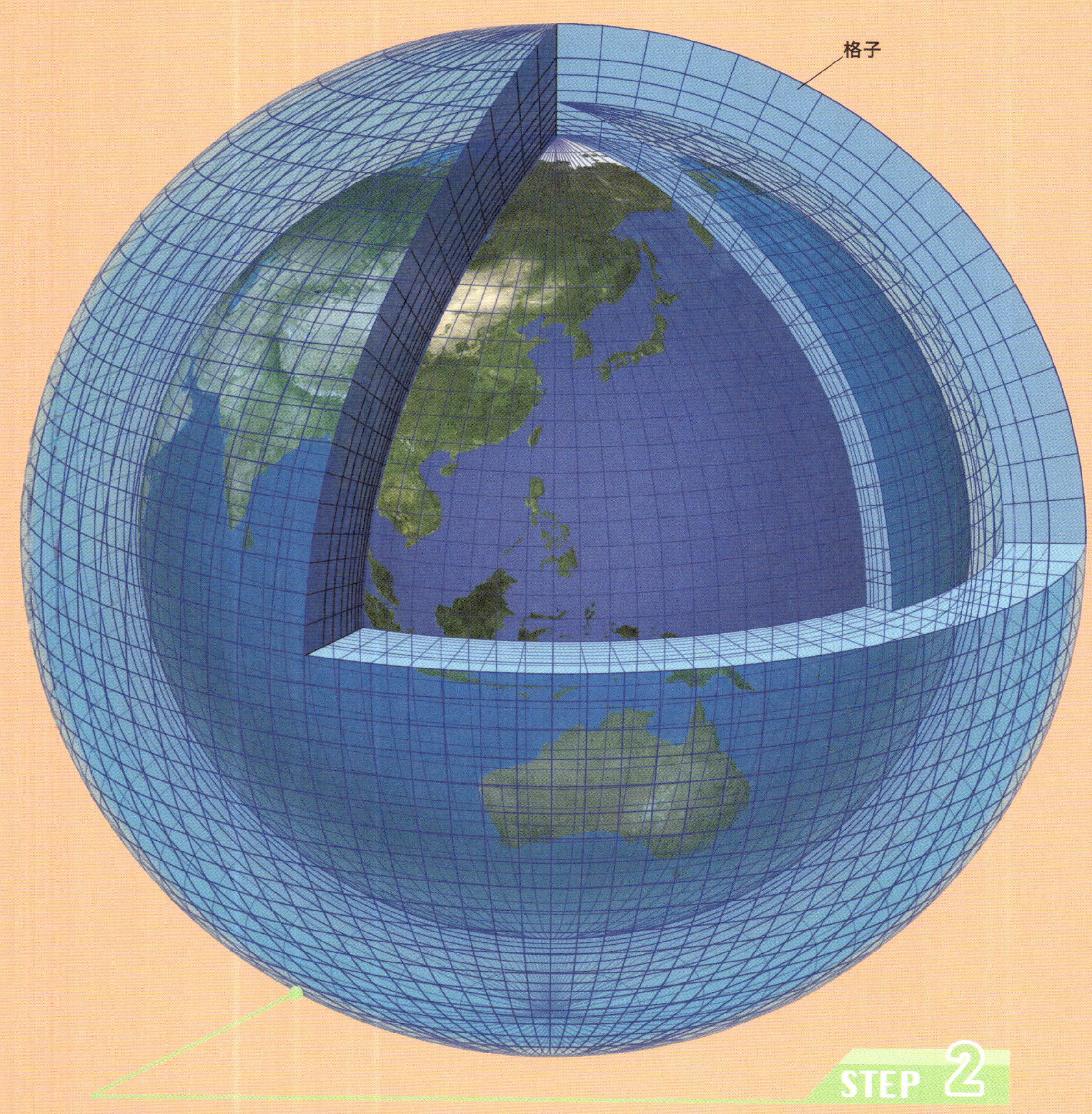

STEP 2

地球全体の大気の状態を予想するモデルは「全球モデル」とよばれている。日本の気象庁，ヨーロッパのヨーロッパ中期予報センターやイギリス気象局，アメリカの国立環境予測センターのように，各国の気象機関が独自の全球モデルの開発と運用を行っている（上は気象庁の全球モデルを参考にえがいた模式図）。初期値はできるだけ正確なものが望ましく，そのために世界の観測データが使われているのである。全球の1日先の天気は，わずか10分程度で予測できている。

STEP 1

現代の天気予報は，スーパーコンピューターによる膨大な計算で得られた「数値予報」を土台にしている。コンピューター上に仮想の地球と大気を設定し，その大気を細かな格子にくぎる。それぞれの格子点には現実の温度や湿度といった大気の状態をあらわす値（初期値）を割りあてる。そして，予報のプログラムを用いて，少し先までの大気の状態をくりかえし求めていくのだ。この格子の間隔が細かいほど，また予測していく時間の間隔がせまいほど予報精度は高まるが，その分，計算量が膨大になる。

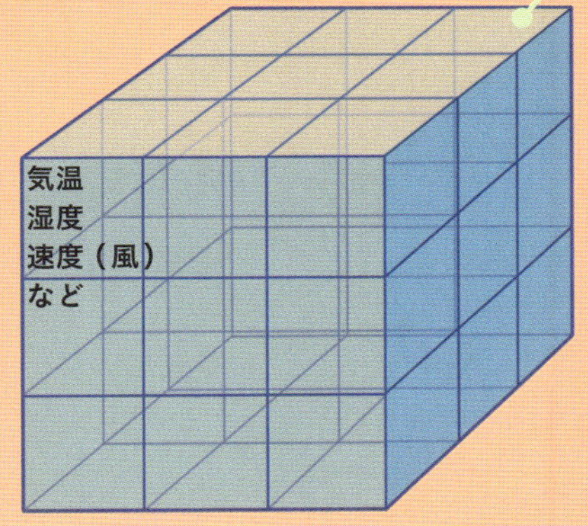

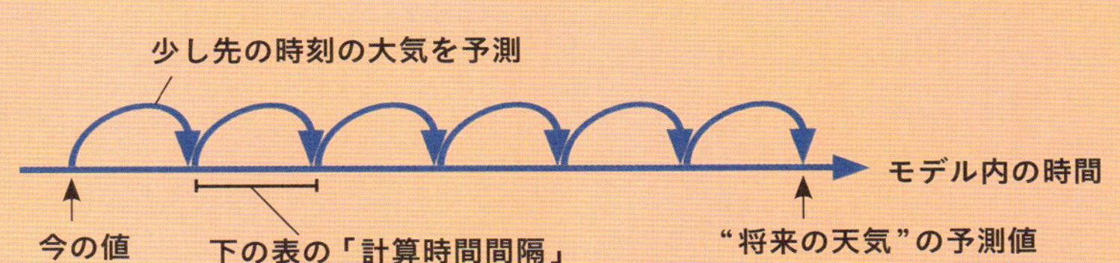

全球モデル（計算領域：地球全体）

格子の水平間隔	約13km
格子の鉛直層数	128層
最上層の高さ	約80km
格子数	約1億7000万個
計算時間間隔	300秒

11日先までの予報

予報できる気象の例：寒波、高・低気圧、梅雨前線、台風

予測結果を初期値作成に利用

メソモデル（計算領域：日本とその近海）

格子の水平間隔	5km
鉛直層数	96層
最上層の高さ	約38km
格子数	約5200万個
計算時間間隔	$\frac{100}{3}$秒

78時間先までの予報

予報できる気象の例：梅雨前線、集中豪雨

予測結果を初期値作成に利用

局地モデル（計算領域：日本とその近海）

格子の水平間隔	2km
鉛直層数	76層
最上層の高さ	約22km
格子数	約1億6000万個
計算時間間隔	12秒

18時間先までの予報

予報できる気象の例：集中豪雨、雷雨

STEP 3

気象には，竜巻のような数キロメートル以下の大きさで短時間だけ発生するものから，高・低気圧のような大きさ数千キロメートルで長時間持続するものまで，さまざまな規模のものがある。コンピューターで計算する際には，予測したい気象の規模に対応した適切なモデルが必要だ。たとえば，日本の気象庁は上の三つのモデルを使い分けて予報を行っている。予測する地域をしぼることで計算量の増大をおさえ，より細かい格子間隔で計算を行うことができる。これにより，規模の小さい気象も予報できるようになるのだ。

注：上の表では2024年3月時点のスペックを記載している。

3 日々の暮らしに欠かせない天気予報

大気・雲・熱など，さまざまな現象を計算している

STEP 1

数値予報モデルでは，大気の流れ（風）を支配する「運動方程式（流体力学の方程式）」や，気温変化に関わる「熱力学第一法則」といった物理法則を用いて，大気のふるまいが再現されている。大気現象をどこまで組み込むかはモデルによってちがう。たとえば，大きな流れでみると，水平方向の風とくらべて鉛直方向の風は無視できるほど弱い。このため，全球モデルでは水平方向の風だけを計算しているが，メソモデル・局地モデルでは鉛直方向も計算に入れている。

STEP 2

太陽光や温められた地面や雲が放つ熱，地表・海面の影響も数値予報の計算に反映されている。大気は主に太陽光を吸収した地表や海面によって，下から温められている。こうした効果が，地表が針葉樹でおおわれているのか，あるいは草原なのか，積雪や海氷があるのかなどを考慮したうえで見積もられ，計算に反映されている。また，小さなサイズの起伏（山岳）でも，そこに気流がぶつかって波が立つと，大気の上層に伝わって広域に影響をあたえる。数値予報モデルでは，こうした効果も考慮されている。

太陽光
太陽光
山が風を波立たせる
積雪
地表・海面から放射される熱

雲から放たれる熱

雲に反射される太陽光

大気の流れ

STEP 3

全球モデルでは，水が蒸発したり水滴になったりといった状態の変化を，おおまかにみることしかできない。しかし，メソモデルや局地モデルでは水の状態変化のくわしい過程もあつかっているため，雲の中を落下する水の状態が，雨・雪・あられなどに分けて考慮されている。これにより，降雨・降雪をより精度よく判断して予報することができる。

雲は“日傘”の効果も，温室効果ももつ

雲から放たれる熱

積乱雲

降水

海氷

植生や積雪も気温に影響する

水の蒸発

地表・海面付近でおこる乱流の影響

小さな大気の流れ（乱流）によって，地表・海水の熱や水蒸気が上空に運ばれたり，風を変えたりする影響が考慮されている。

乱流

海が気象にあたえる影響

季節変化などを考慮したうえで，海水面の温度も境界条件※としてあたえられている。

※：計算を行う領域の端での値のこと。

3 日々の暮らしに欠かせない天気予報

天気図の読み方を知っておこう

2014年3月5日21時（日本時間）の天気図

関東地方の東の海上と三陸沖に低気圧があって北東に進んでいる。

右の天気図と同じ時間帯の気象衛星の画像。低気圧の影響で，北日本～東日本に雲がかかっている。

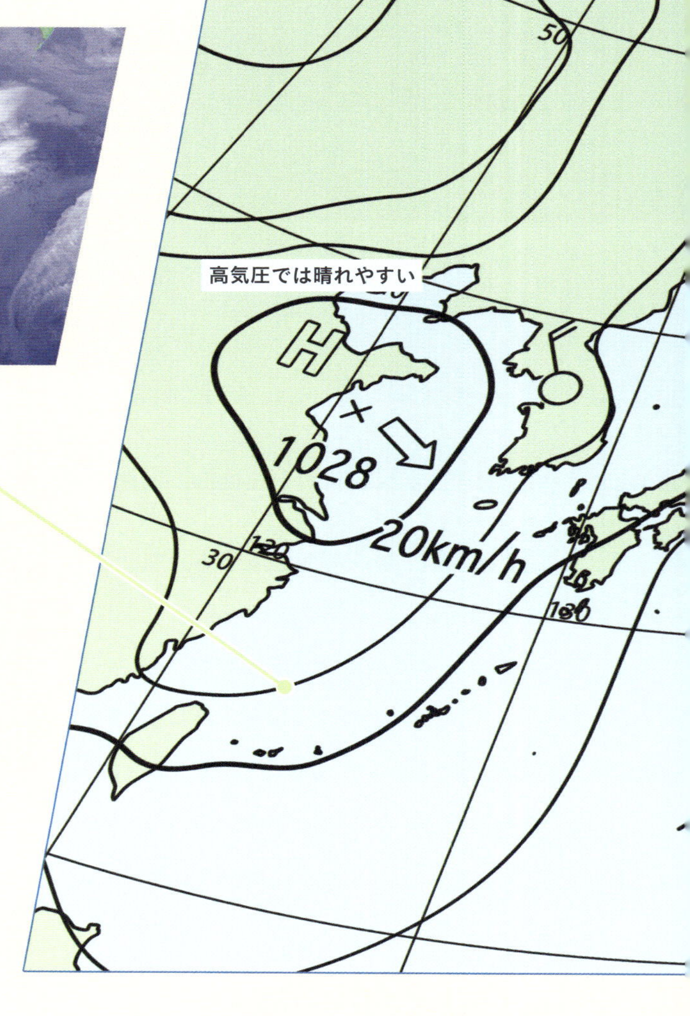

STEP 1

ニュースや新聞でよくみるのが，地上（海抜0メートル）の大気のようすをえがいた「地上天気図」だ。まず目につく曲がりくねった線は，気圧が同じ地点を結んだ「等圧線」である。1000hPa※を基準にして4hPaごとに引かれ，20hPaごとに太線でえがかれる。等圧線からは，大気の流れ（風）を把握できる。風はおおよそ気圧の高い場所から低い場所へ向かって吹き，等圧線の間隔がせまい場所ほど風は強くなる。ただし，地球の自転の影響，そして地上では地表との摩擦の影響を受けるため，等圧線に対して斜めに風が吹くことになる。

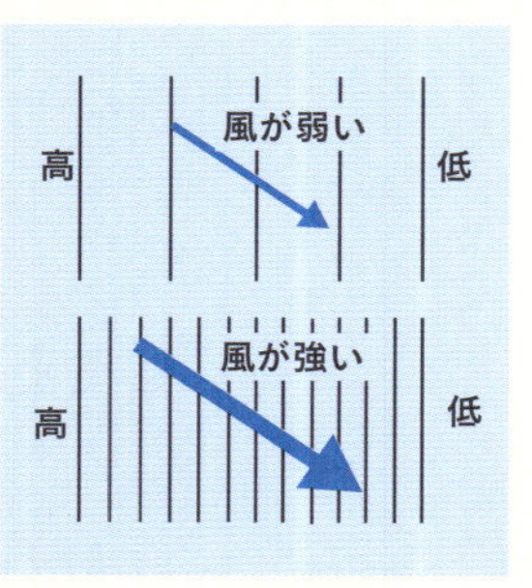

注：実線は等圧線をあらわす

※：hPa（ヘクトパスカル）は気圧の単位で，1気圧は1013.25hPa。

STEP 2

地上天気図では，高気圧や低気圧の位置（気圧配置）や前線の位置に注目することで，天気のおおまかな傾向（けいこう）を把握することができる。等圧線が輪っかのように閉じて，周囲より気圧が高い場所は「高気圧」，低い場所は「低気圧」をあらわしている。高気圧は「高」や「H」（Highの略），低気圧は「低」や「L」（Lowの略）の記号で示される。高気圧や低気圧の中心には「×」印がしるされ，気圧の値がhPaの単位で示される。また，暖かい空気と冷たい空気がぶつかった境目が「前線」（38ページ）であり，4種類の前線はそれぞれ下のように表記される。

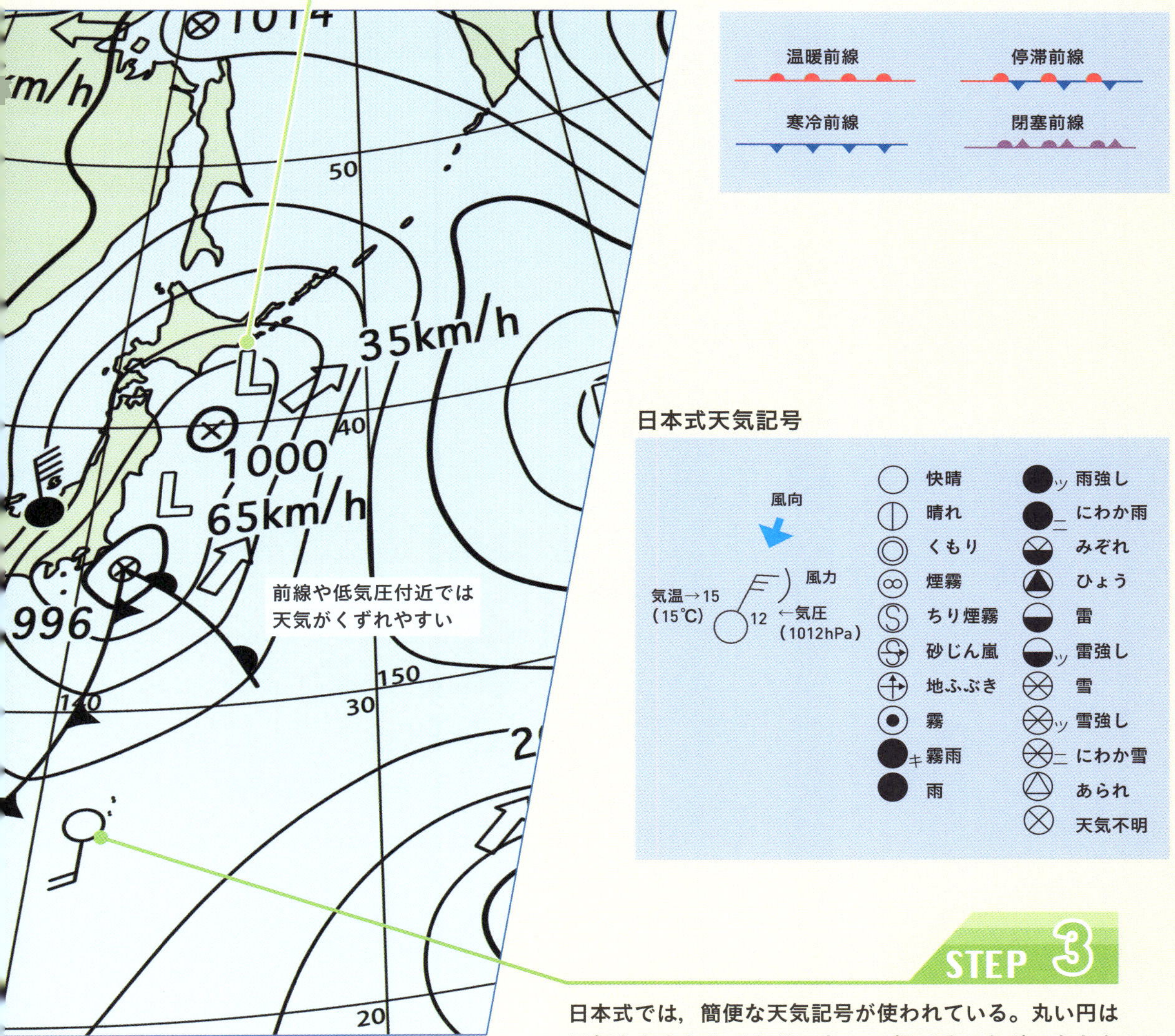

STEP 3

日本式では，簡便な天気記号が使われている。丸い円は天気をあらわしており，上の21個でそのちがいをあらわしている。矢羽根の向きは風向きをあらわしており，16の方位に分けられる。天気記号に向かって風が吹いていることを示している。羽根の数は風力をあらわしており，0から12までの13段階に分けられている。ほかにも気温や気圧の情報が表記される場合もある。

注：中央のイラストは気象庁の速報天気図をもとに天気記号を加えるなどして作成した。

3 日々の暮らしに欠かせない天気予報

春夏秋冬の天気を天気図でみる

STEP 1

日本の春夏秋冬を，代表的な天気図でみていこう。春の天気図をみてみると，天気が変わりやすいのは高気圧と低気圧が交互(こうご)にくるためだということがわかる。高気圧の西側や南側は次にくる低気圧の影響(えいきょう)で雲が広がりやすくなるのだ。

春・秋―移動性高気圧

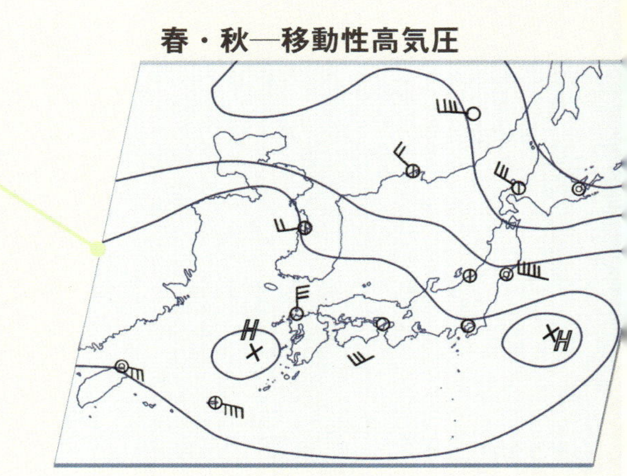

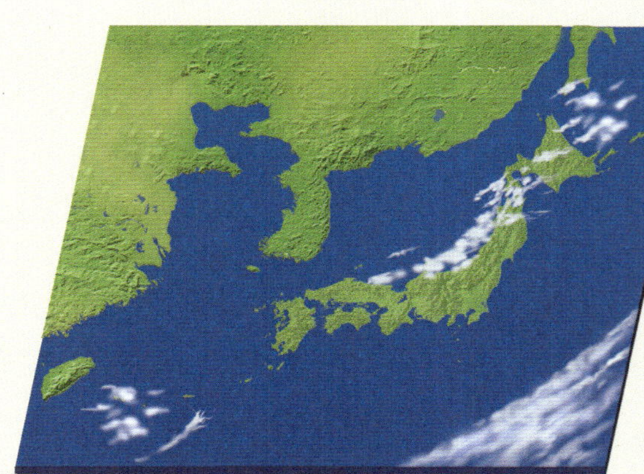

「移動性高気圧」がみられる。全国的に天気は晴れ，雲はあまりみられない。（天気図**1**）

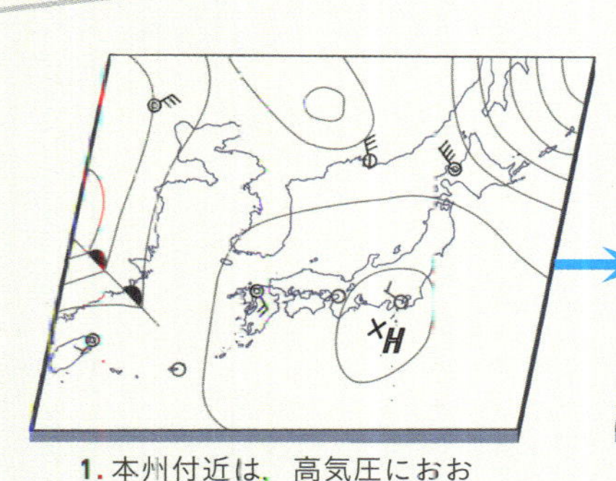

1. 本州付近は，高気圧におおわれておおむね晴れ。

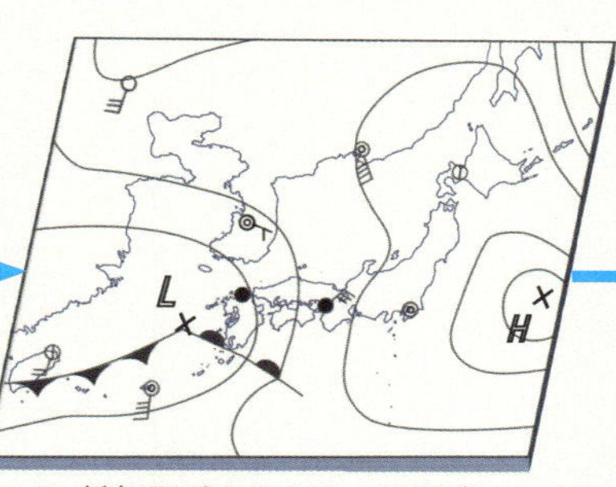

2. 低気圧があらわれ，西日本では雨。

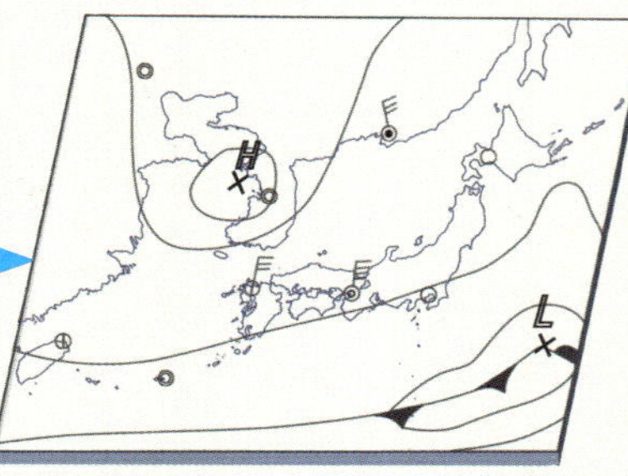

3. 低気圧が去り，ふたたび高気圧におおわれ全国的に天気は回復。

STEP 2

夏の天気図をみてみると，東側から高気圧がはり出しているのがわかる。等圧線の形から「鯨の尾型」とよばれる。この気圧配置になると，日本付近を低気圧が通過することも少なく，天気のよい日がつづく。高温になりやすい。

夏—鯨の尾型

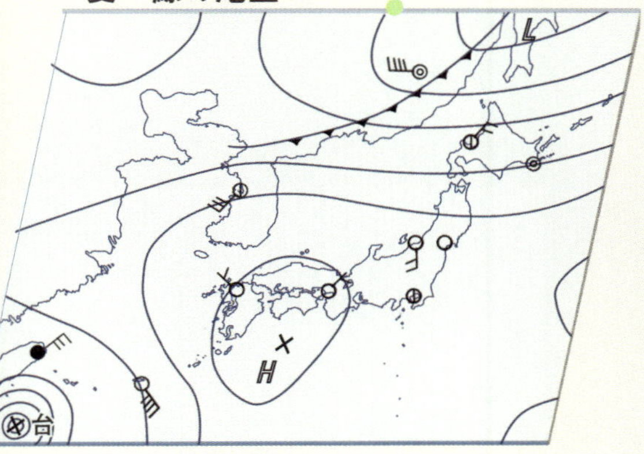

冬—西高東低

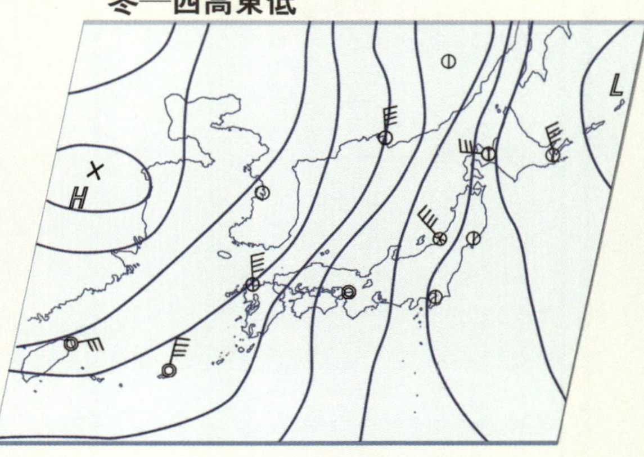

STEP 3

冬の天気図では，日本付近の等圧線がほぼ南北に走っており，日本の西側の気圧が高く，東側が低くなっている。いわゆる「西高東低型」の天気図だ。地球の自転の影響で風向きは曲げられるため，北西の強い風が吹く。日本海側は雪や雨が多く，太平洋側は晴れて乾燥する。このように大きな大気の流れが西から東に向かっていることや，季節ごとの傾向を考えれば，天気図をみることで日本全体の天気のようすを知ることができる。

注：左下の3つは，1995年4月13日9時から24時間ごとの天気図をもとにしている。

3 日々の暮らしに欠かせない天気予報

台風の進路予想図の読み取り方

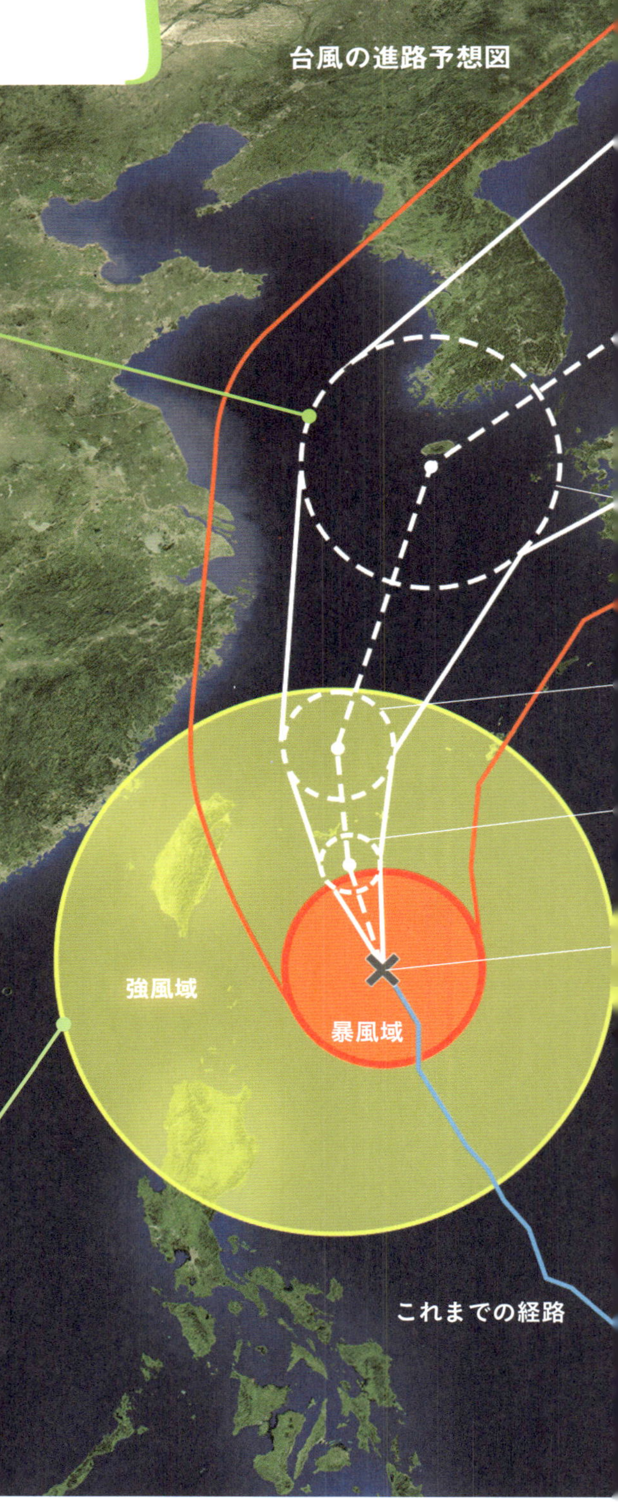

台風の進路予想図

強風域

暴風域

これまでの経路

STEP 3

さらに，今後の進路を示す「予報円」がえがかれている。よく誤解されるのだが，予報円の中心を台風が通っていくというわけではない。予報円は今後，台風の中心が到達(とうたつ)する確率が70％以上の領域を円で示したものだ。なお，暴風域に入る可能性が高い「暴風警戒域(けいかいいき)」がある場合は，台風が暴風域をともなったまま進んでいく可能性が高いので注意が必要である。

STEP 2

もう一つ欠かせない情報が，台風の進路予想だ。まず現在の台風の中心の位置（図の×印）と，その周辺の「暴風域」（図の赤い円：平均風速が秒速25メートル以上の領域）および強風域（図の黄色い円：平均風速が秒速15メートル以上の領域），そして，これまでの経路（図の青い線）が示されている。

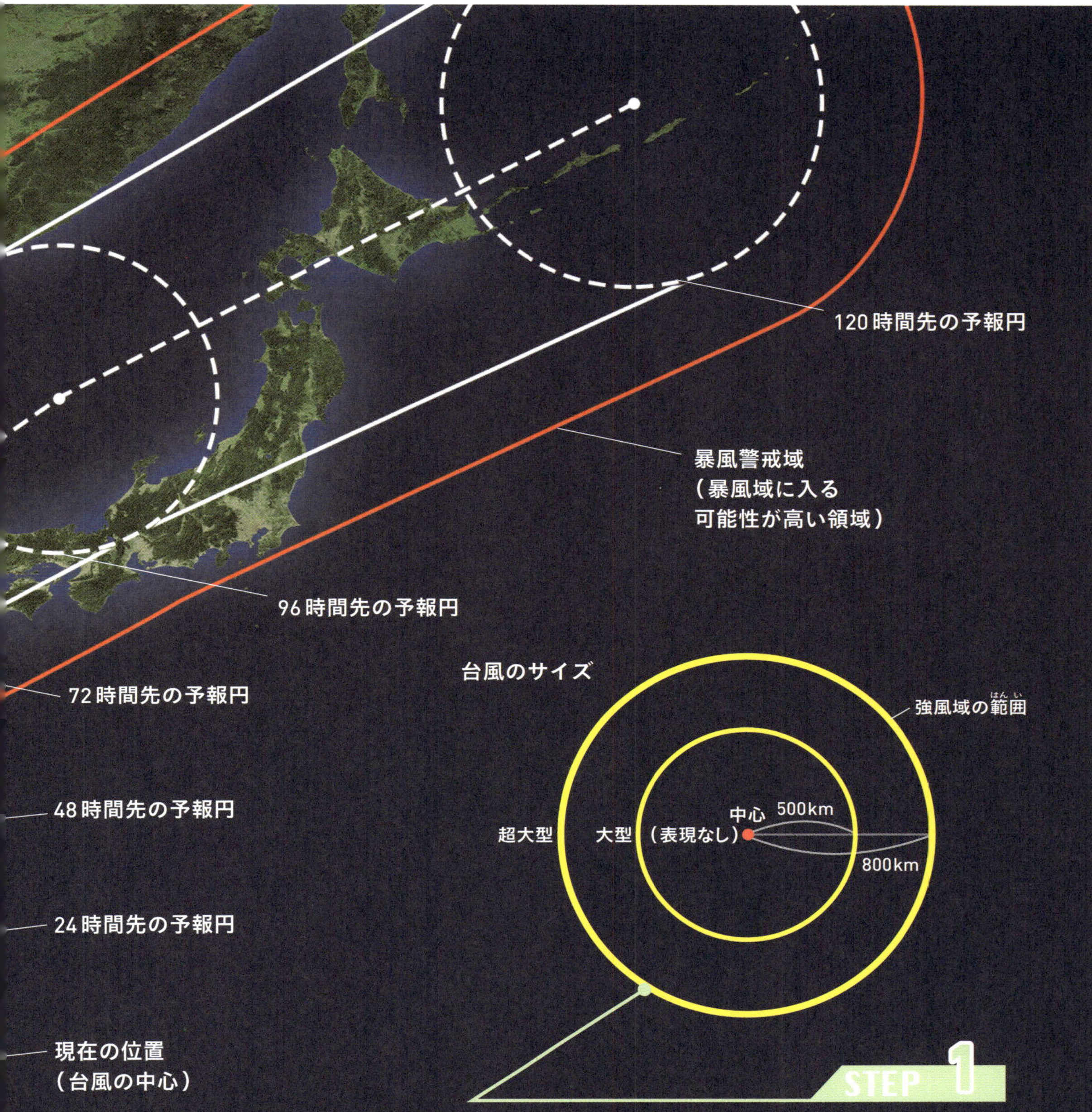

STEP 1

夏から秋にかけての天気予報で欠かせないのが「台風」（78ページ）の情報だ。ときに災害級の暴風やはげしい雨をもたらす，注意すべき現象といえる。天気予報で伝えられる台風の情報の一つが，「大きさ」と「強さ」である。たとえば「大型で非常に強い台風」などと表現される。台風の大きさについては，「強風域」（平均風速が秒速15メートル以上の領域）の半径が500 〜 800キロメートルのものを「大型（大きい）」，半径が800キロメートル以上のものを「超大型（非常に大きい）」と表現する。台風の強さについては，「強い（平均風速が秒速33メートル以上）」「非常に強い（同44メートル以上）」「猛烈な（同54メートル以上）」といった表現が使われる。

3 日々の暮らしに欠かせない天気予報

気象予測には「高層天気図」が不可欠

STEP 3

「500hPaの天気図」は，対流圏の中層くらいの天気図だ。等高度線が低高度側から突き出している場所は「気圧の谷」とよばれ，まわりより気圧が低い。一方，高高度側から突き出している場所は「気圧の尾根」とよばれ，まわりより気圧が高い。上空(500hPa)の気圧の谷と，地上の低気圧の位置関係は，低気圧が今後発達していくかどうかの判断材料になる。たとえば，上空の気圧の谷が地上の低気圧の西にあれば，低気圧は発達していくと考えられる。「300hPaの天気図」では，ジェット気流がわかる。地上の天気をくずしやすい低気圧は，おおむねジェット気流の下を通るため，天気が変化していくおおまかなコースを知ることができる。

STEP 2

「850hPaの天気図」は，暖気・寒気の流入，前線，湿度の高い場所（湿域※）などをみるのに使われる。この天気図での気温が－6℃～－3℃以下であれば地上で雪が降る目安となる。「700hPaの天気図」は，主に，雲の分布に対応する水蒸気の分布（湿域）などをみるのに使われる。湿域では雲があるか，雨が降っている可能性がある。

STEP 1

天気を左右する雨雲のようすは上空の大気の流れの影響を受けるため，地上天気図で地表面の気圧配置をみるだけでは予測がむずかしい。天気予報の作成には「高層天気図」で今の上空の大気のようすを把握する必要がある。天気予報の現場では，主に四つの気圧（高度）の高層天気図が使われている。高層天気図では，同じ気圧が上空何メートルにあるのかが等高度線で示される。たとえば，850hPaの高層天気図において「1500」と書かれていたら，そこでは高度1500メートルの地点の気圧が850hPaだということになる。

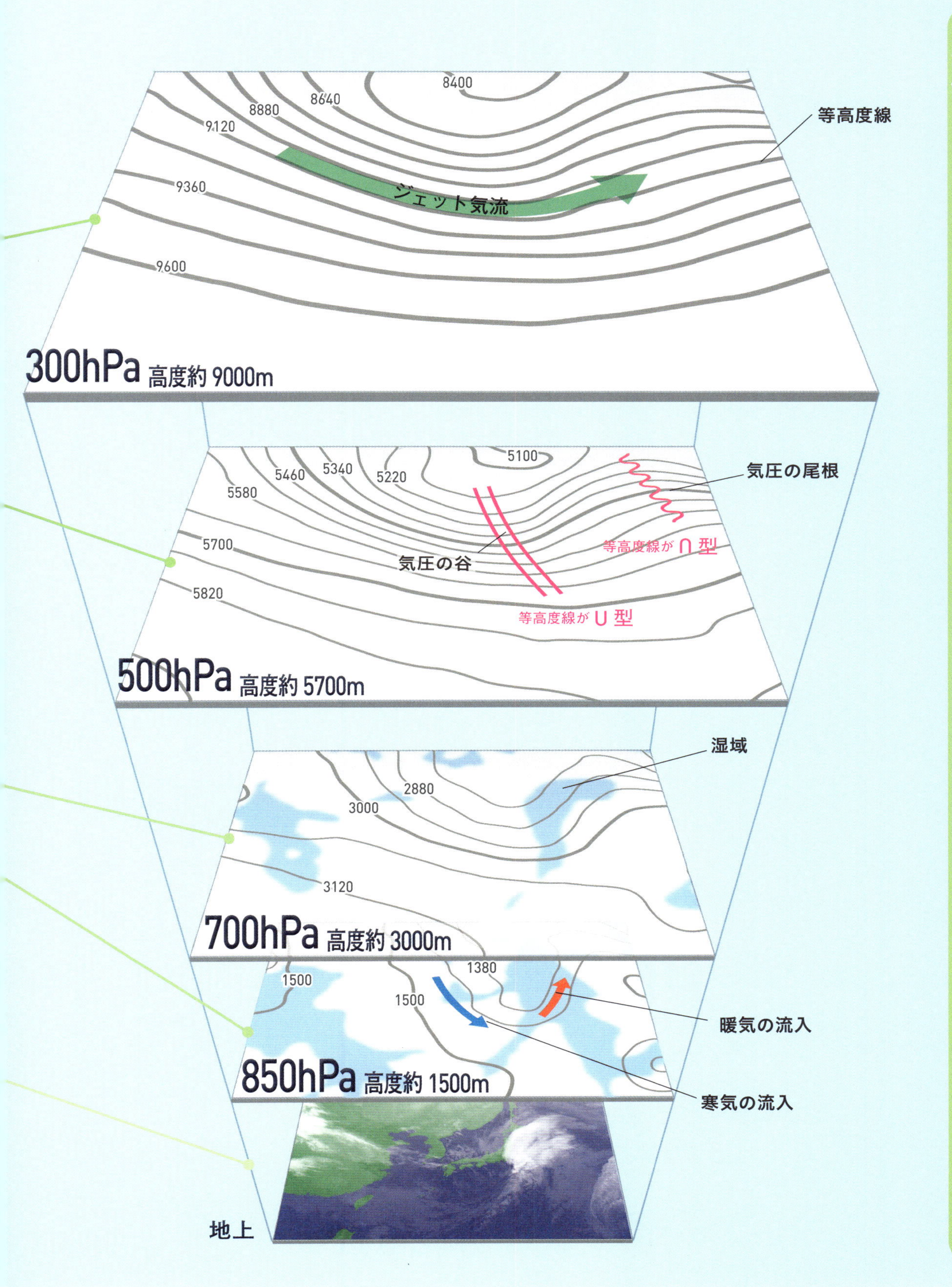

※：気温と露点温度（水蒸気が水に変わる温度）との差が3℃以下の領域。

3 日々の暮らしに欠かせない天気予報

長期予報はどうやって行っているのか

STEP 1

全球モデルによる数値予報は年々精度が上がっており，明後日までの予報はかなり正確になっている。しかし，それより先の長期予報は簡単ではない。数値予報では，現在の値（初期値）にわずかでもずれがあると，計算をくりかえすうちに，予測は大きくずれていってしまうのだ。そこで，1週間以上先の長期予報では，格子点(こうしてん)のデータを複数用意して計算し，その平均値をとる「アンサンブル予報」が使われている。つまり，おおまかな傾向(けいこう)を確率的に求めるというわけだ。

850hPaの気温偏差(へんさ)（東日本）

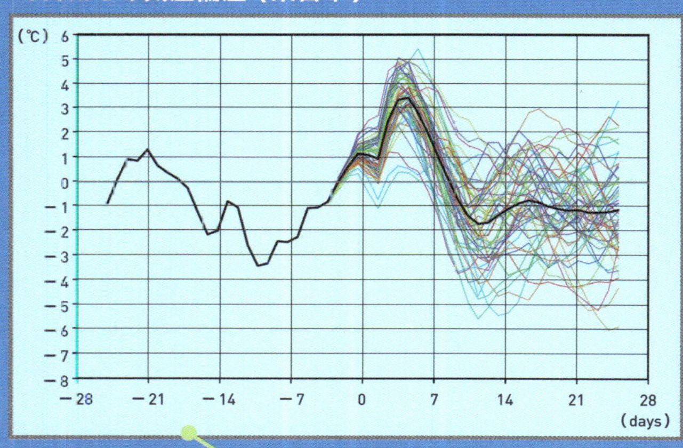

STEP 2

この折れ線グラフは，850hPa（地上約1500メートル）の気温の平年差を予測した1か月間のアンサンブル予報の例だ。50本の細い線が複数の予測結果を示し，黒の太い線がそれらを平均したものである。予測結果から，おおまかに，月の前半は平年よりも気温が高く，後半は平年よりも低くなることがみてとれる。予報時間がのびるとともに予測がむずかしくなるため，50個の予測のばらつき方は前半よりも後半のほうが大きくなる。

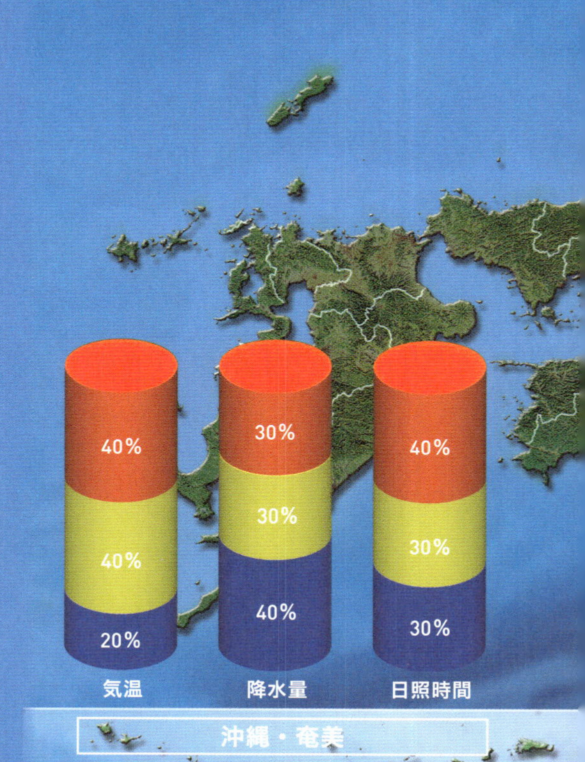

STEP 3

アンサンブル予報では，気温，降水量，日照時間などの項目が対象になる。各棒グラフは，アンサンブル予報による北日本，東日本，西日本，沖縄・奄美の向こう1か月の天候（気温・降水量・日照時間）の予測である。たとえば，西日本の気温は「低い確率が20％」といったことがわかる。また，気象庁のウェブサイトでは，週間天気予報の後半5日間の降水の有無について，アンサンブル予報で得られた予報の信頼度が3段階で評価されている。

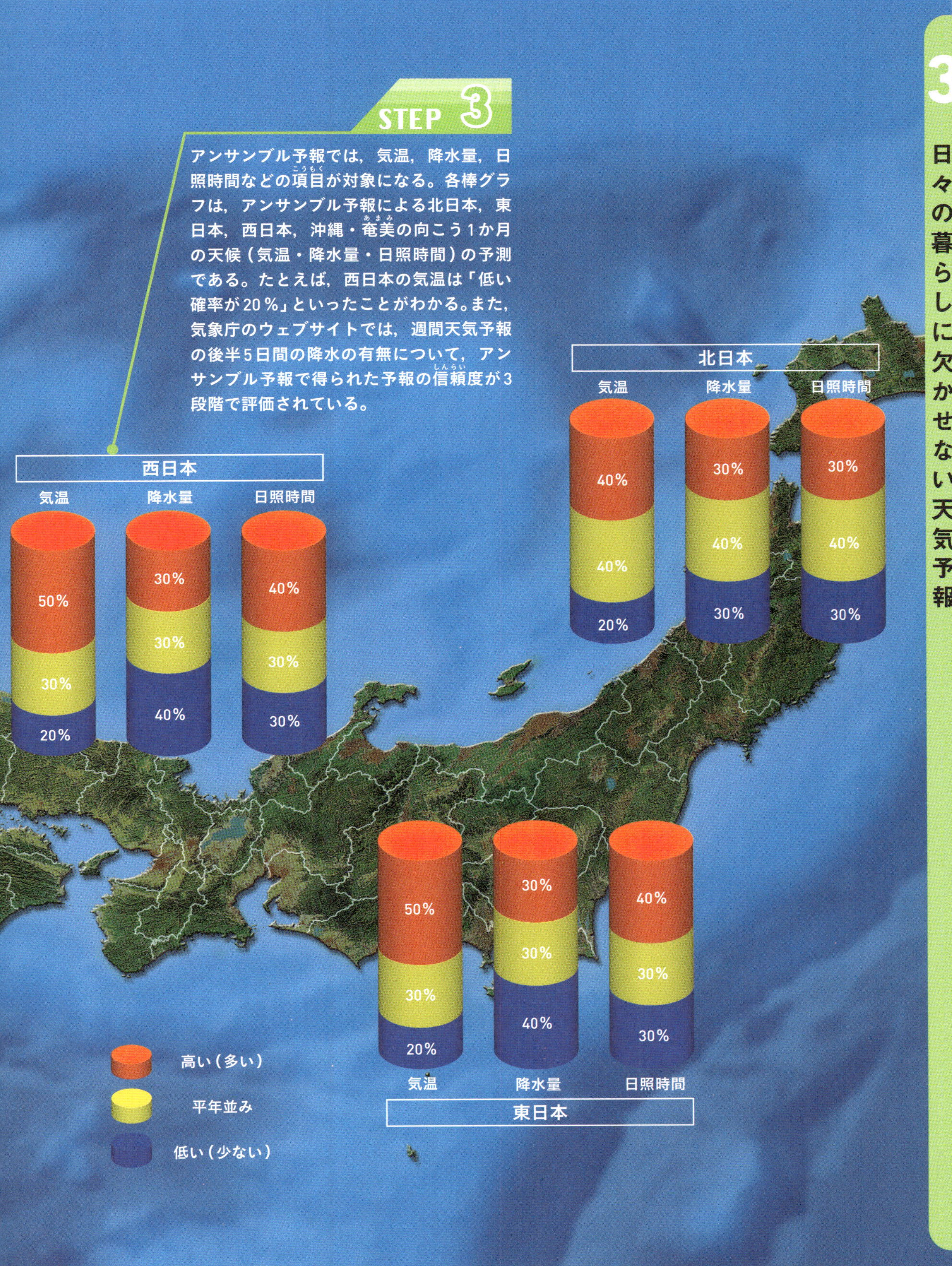

注：数値は2007年5月4日に気象庁が発表した「全般1か月予報（5月5日から6月4日までの天候見通し）」にもとづく。

3 日々の暮らしに欠かせない天気予報

Q&A

Q/ 気象データを収集する観測機器にはどんなものがあるのか?

A/ 「アメダス」は,日本国内約840か所で風向・風速,気温,湿度,降水量を観測しているほか,雪の多い地方の約330か所の積雪の深さも観測している。降水量だけをはかる地点を加えれば,その観測地点は約1300か所にのぼる。湿度観測は,地上付近の水蒸気分布をリアルタイムに把握でき,降水量の予報精度を向上させる。

「ウィンドプロファイラ」は,電波を上空5方向に発射し,大気の乱れや雨粒で散乱されてもどってきた電波の周波数の変化(ドップラー効果)から,風の動きを知る装置だ。気象庁はこの装置を全国に33か所設置している。

雨雲の動きがみられるアプリを活用しているという人も多いだろう。「気象ドップラーレーダー」は,電波を出し,雨や雪で反射した電波を観測することで,半径数百キロメートルの範囲内の,降水(降水強度)や降水域内の風の分布を知ることができるほか,風の観測も行っている。空間的に連続的なデータを取得できる利点がある。2020年3月からは,雲の中の降水粒子の種別(雨・雪・ひょう)の判別や,降水の強さをより正確に推定することができる「二重偏波気象ドップラーレーダー」の導入も始まっている。

広大な海でも大気や海の状態を監視している。漂流ブイは,海を漂流しながら気圧・水温・波(波高・周期)を観測する。また,気象観測船や一般船舶が,海上の気象や海面水温,風がつくる波やうねりなどの観測を行っている。

ゾンデは気球につり下げた観測機器で,上空の気圧,気温,湿度を観測する。ゾンデの位置の変化から,風向・風速も観測する。1930年代からはじめられ,現在は1日2回(日本時間9時,21時),世界各国で同時に観測を行っている。気象観測には航空機も一役買っている。気象機関と民間航空会社の連携により,気圧,気温,風,湿度などが観測されている。

地球の自転と同じ周期で地球をまわる「静止気象衛星」は,可視光,赤外線などで地球を撮影している。ほぼリアルタイムで上空の雲のようすなどがわかり,連続観測で雲や水蒸気の動きをとらえ,風の情報も取得している。日本の静止気象衛星「ひまわり」は,現在9号が運用中である(8号は待機運用)。

Q/ 「降水確率100%」は,必ず雨が降るという意味か?

A/ 天気予報において,多くの人が気になるのが「降水確率」だろう。今日は傘を持って出かけたほうがよいか,雨が降るとしたら何時ごろかなど,テレビや新聞などでみる天気予報のコーナーでは,降水確率に沿ったアドバイスが行われる。

では,「降水確率100%」と予報されたとき,必ず雨は降るのだろうか。降水確率とは,予報区内で降水量1ミリメートルの雨や雪が降る確率のことをさす。「明日の◎◎県の降水確率は30%」と予報された場合,その県内で明日1日に1ミリメートル以上の雨や雪が降る可能性が30%ということをあらわしている。降水確率は10％きざみで発表されており，その間の値は四捨五入されている。そのため，本来は95％だとしても降水確率は100％と発表されるので，100％でも雨が降らない場合もありえるのだ。

また，降水確率には，降水量1ミリメートル未満の雨や雪は含まれていない。そのため，降水確率が0％だとしても，1ミリメートル未満の雨や雪が降ることはある。なお，「降水確率100％」と聞くと，その数字の大きさから「大雨になりそうだ」と誤解されることもあるが，確率と雨の量や強さは関係ない。逆に，降水確率が低くても大雨になることはありえるので，注意が必要である。

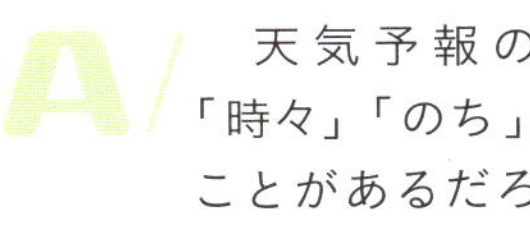

Q/ 「晴れ時々くもり」と「晴れのちくもり」のちがいは何？

A/ 天気予報の解説の中で「一時」「時々」「のち」といった表現を聞いたことがあるだろう。これらは，「連続的か，断続的か」「予報期間内（たとえば1日のうち）のどれくらいの期間か」によるちがいをあらわしている。

たとえば，「一時」は，現象が連続的におこり，その現象がおこる期間が予報期間の4分の1未満のときに使う。たとえばある1日の天気はくもりで，雨が1日の4分の1（6時間）未満連続で降る場合は「くもり一時雨」と表現する。

「時々」は，現象が断続的におこり，その現象がおこる期間の合計時間が予報期間の半分未満のときに使う。たとえばある1日の天気が晴れで，断続的にくもりになり，そのくもりの時間が1日の半分（12時間）未満のときは「晴れ時々くもり」と表現する。

「のち」は，予報期間内の途中で現象が変わるときに使う。たとえば午前中は晴れで，午後からくもりになるときは「晴れのちくもり」と表現する。

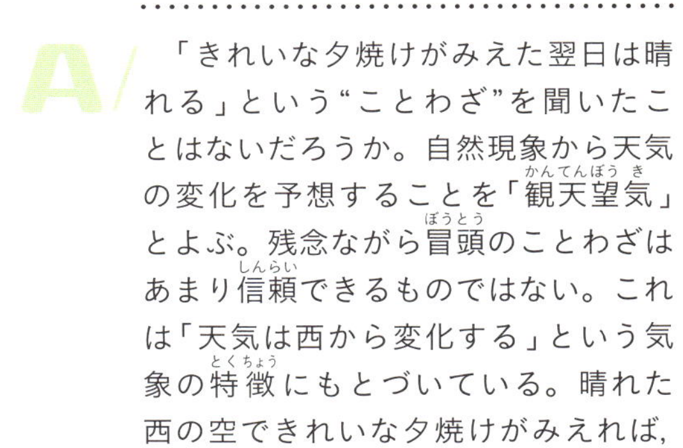

Q/ 天気にまつわる“ことわざ”はどれくらい当たる？

A/ 「きれいな夕焼けがみえた翌日は晴れる」という“ことわざ”を聞いたことはないだろうか。自然現象から天気の変化を予想することを「観天望気」とよぶ。残念ながら冒頭のことわざはあまり信頼できるものではない。これは「天気は西から変化する」という気象の特徴にもとづいている。晴れた西の空できれいな夕焼けがみえれば，引きつづき翌日も晴れるだろうと期待するものだが，実際にはこの予想があてはまらない場合がとても多いのだ。

「ネコが顔を洗うと雨が降る」もよく聞くことわざだろう。「雨が降る前には気温や湿度が変化したり，顔にいるノミが動き出してかゆくなったりするため，ネコは顔をよくこする」などとされているが，これも科学的な根拠は不十分である。実は，地方によっては「ネコが顔を洗うと晴れる」という真逆の観天望気もみられるのだ。

一方，「朝に霧がみられたら晴れる」は当たりやすい。霧が発生するには，よく冷えることが必要になる。とくに，雨が降ったあとに晴れると，水蒸気がたくさんある地表付近の空気が冷えて霧が発生する。夜間に空気が冷える原因の一つに，「放射冷却」がある。雲のない晴れた夜には，昼間に温められた地面から熱が空へ逃げやすくなり，翌朝にかけて地面付近がよく冷える。こうして発生した霧がしだいに晴れると，日中もそのまま晴れることが多いのである。

ほかにも当たりやすい観天望気としては，「雷三日（夏の雷は発生すると3日ほどつづく）」「太陽のまわりに光の輪ができると天気は下り坂」「飛行機雲が空に長く残ると雨（上空が湿っていて天気は下り坂）」といったものがあげられる。

4 こんなにちがう！
世界各地のさまざまな気象

海と大気がさまざまな気候をつくり出す

熱帯気候

- Af 熱帯雨林気候
- Am 熱帯モンスーン気候
- Aw サバナ気候

乾燥帯気候

- BWh BWk 砂漠気候
- BSh BSk ステップ気候

STEP 2

気候には大気の大循環と海流が大きくかかわっている。このページの地図上では，海上の矢印は海流の流れる方向を示し，赤色は暖流，青色は寒流であることを意味する。たとえば，亜熱帯付近には砂漠気候を主体とする乾燥帯が広がっているが，それには大気の大循環が大きく作用している。また，高緯度にもかかわらず，イギリス付近などが温帯気候なのは，海流の影響が大きい。こうした大気の大循環と海流の作用に，山脈などの地形の影響が加わって，地球の気候はつくられているのだ。

※：それぞれの気候名の横につけた記号は，気候区分の記号である。

STEP 1

地球には，地域によって特有の気象がある。ここにえがいた世界地図は，「ケッペンの気候区分」によって色分けしたものだ。植生分布をもとに，世界の気候が分類されている。大きく分けると熱帯，乾燥帯，温帯，冷帯，寒帯の5区分だが，ここではより細かく気候をあらわしている。たとえば，ケニアやタイなどは，雨が降る季節（雨季）と降らない季節（乾季）が明確に分かれている「サバナ気候」が支配的だ。こうした地域ごとの気象を長期間でまとめたものが「気候」である。

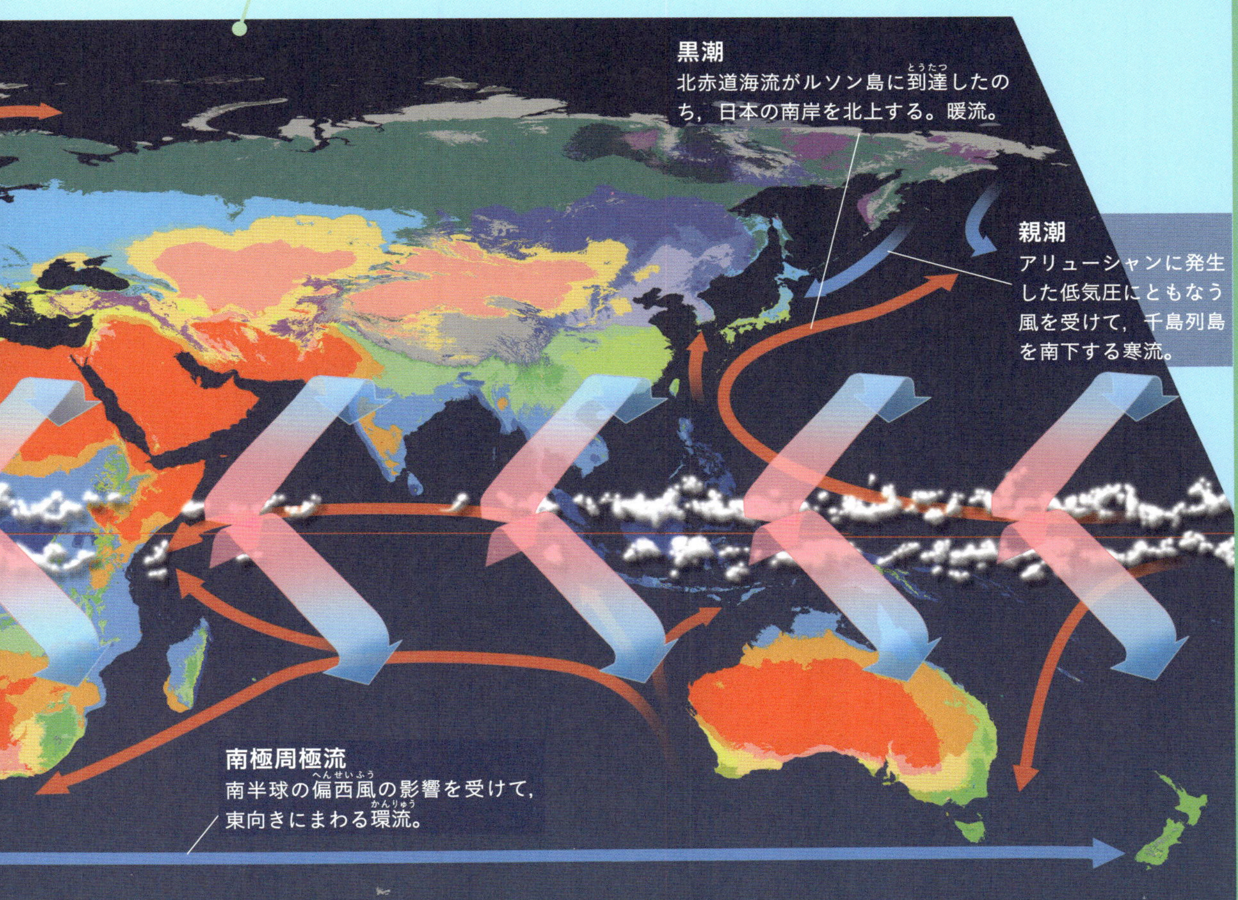

温帯気候

Csa Csb Csc
地中海性気候

Cwa Cwb Cwc
温暖冬季少雨気候

Cfa
温暖湿潤気候

Cfb Cfc
西岸海洋性気候

冷帯気候

Dsa Dsb Dsc Dsd
高地地中海性気候

Dwa Dwb Dwc Dwd
亜寒帯冬季少雨気候

Dfa Dfb Dfc Dfd
亜寒帯湿潤気候

寒帯気候

ET
ツンドラ気候

EF
氷雪気候

4 こんなにちがう！
世界各地のさまざまな気象

世界の気象を左右する三つの大気の流れ

STEP 1

地球には，地球の自転によって三つの大きな大気の流れがおこっている。そのうちの一つが「貿易風」である。暖かい赤道付近では上昇気流が発生する。北半球の場合，その後，北に向かう気流は自転の影響を受けて東にそれていく。この間，気流はしだいに冷えて重くなる。北緯30度付近に到達すると，一部の空気は下降気流となって地表にもどる。地表にもどった気流は，地球の自転の影響を受けて，赤道付近の低圧部に向かって南西に進む。このように低緯度付近に吹く東寄りの風が貿易風だ。なお，南半球では貿易風は北西に向かって吹く。

低緯度の 貿易風

1. 赤道で温められ軽くなった空気が上昇する
2. しだいに冷えて重くなった空気の一部は下降する
3. 気圧の低くなっている赤道にもどる。

赤道

赤道付近の断面図（イメージ）

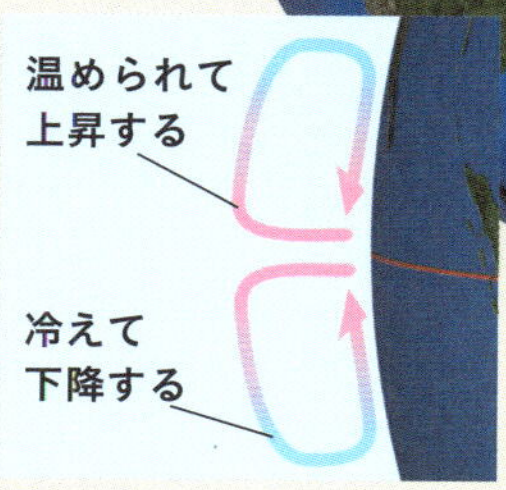

温められて上昇する

冷えて下降する

STEP 2

北緯30度をこえた空気は地球の自転の影響を受けて，ほぼ真東に向かって吹くようになる。その結果，地球を東西方向に一周する大気の流れができる。これが「偏西風」である。ただし，実際の偏西風は，南北に蛇行しながら吹いている。蛇行ぐあいは，場所や時期によって大きく変わる。北の寒気と南の暖気は偏西風によってへだてられており，偏西風が南に蛇行すると寒気が南側へ，北に蛇行すると暖気が北側へもたらされる。また，偏西風の影響によって，地上で低気圧や高気圧が生まれやすくなる。日本付近の上空では偏西風が吹いているため，偏西風の蛇行ぐあいによって，天気が大きく左右される。

中緯度の 偏西風

高緯度の 極偏東風

1. 極地方で冷やされた空気がしみ出す

2. 温められて上昇し，極上空へもどる

北極

赤道

南極

STEP 3

高緯度の極地方からも風が吹き出ている。寒冷な極地方で冷やされ重くなった空気が，南北とも60度くらいまでしみ出すように低緯度に向かうのだ。このとき地球の自転の影響を受けるため，北半球ではこの寒気も進行方向に対して右向きに進路を変え，北東から南西へ吹く風となる。この風が「極偏東風」である。その後，この空気は偏西風から暖気を受け取って上昇気流をつくり，ふたたび極上空へともどる。

4 こんなにちがう！
世界各地のさまざまな気象

極端なアフリカの「雨季」と「乾季」

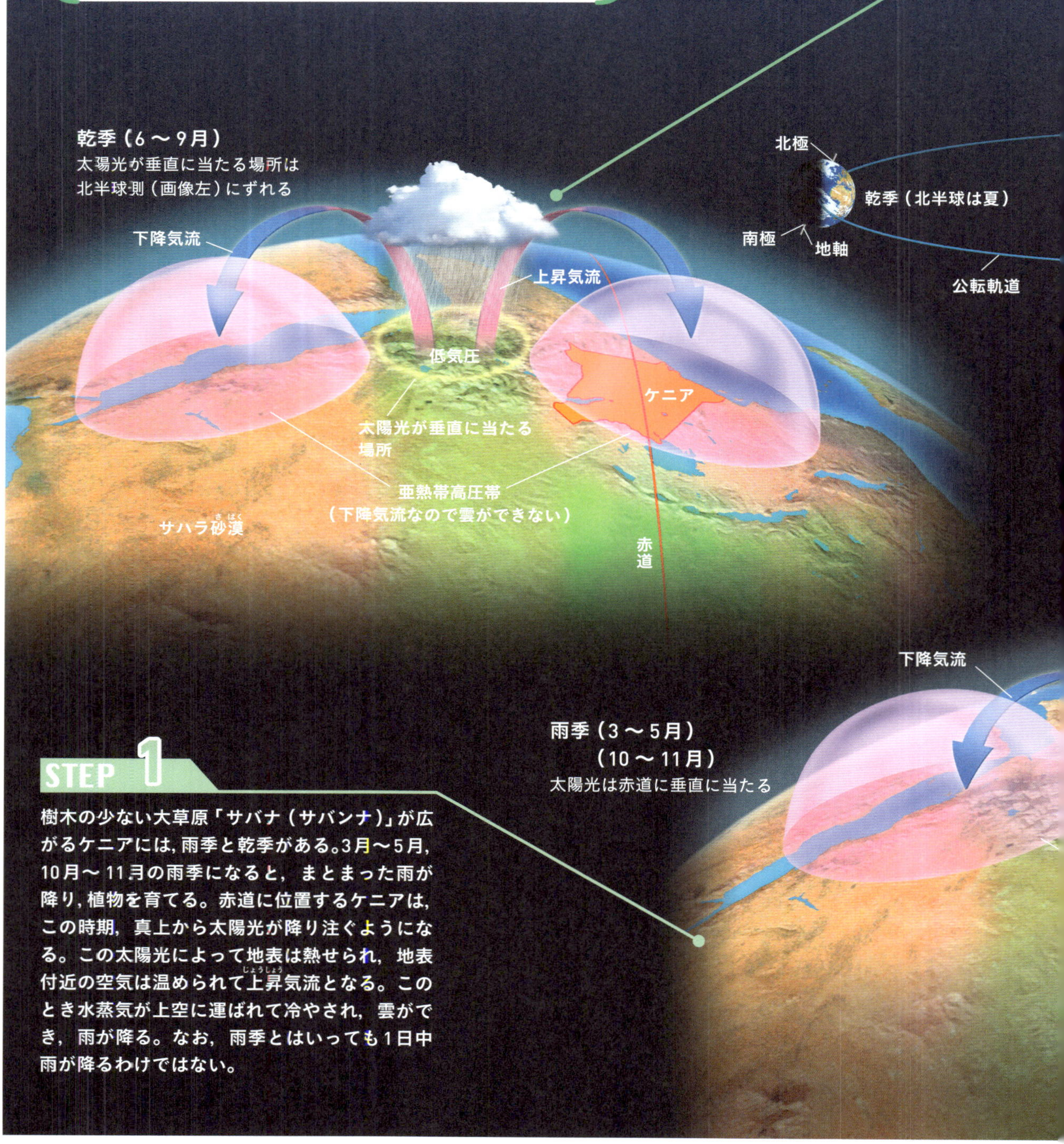

STEP 1

樹木の少ない大草原「サバナ（サバンナ）」が広がるケニアには，雨季と乾季がある。3月～5月，10月～11月の雨季になると，まとまった雨が降り，植物を育てる。赤道に位置するケニアは，この時期，真上から太陽光が降り注ぐようになる。この太陽光によって地表は熱せられ，地表付近の空気は温められて上昇気流となる。このとき水蒸気が上空に運ばれて冷やされ，雲ができ，雨が降る。なお，雨季とはいっても1日中雨が降るわけではない。

STEP 2

地球の地軸は公転軌道面に対して23.4度傾いている。そのため，6月～9月になると太陽光が垂直に当たる地域はケニアよりも北にずれる。その結果，ケニアの北の地表の空気が温められて上昇気流が発生する。その後，気流は上空を南北に移動するうちに熱を宇宙へ放出する。その結果，冷えて重くなり，下降気流となって地表にもどる。こうしてできた高気圧の中に6月～9月のケニアが含まれる。そのため，雲ができず，雨も降らず，乾燥するのだ。

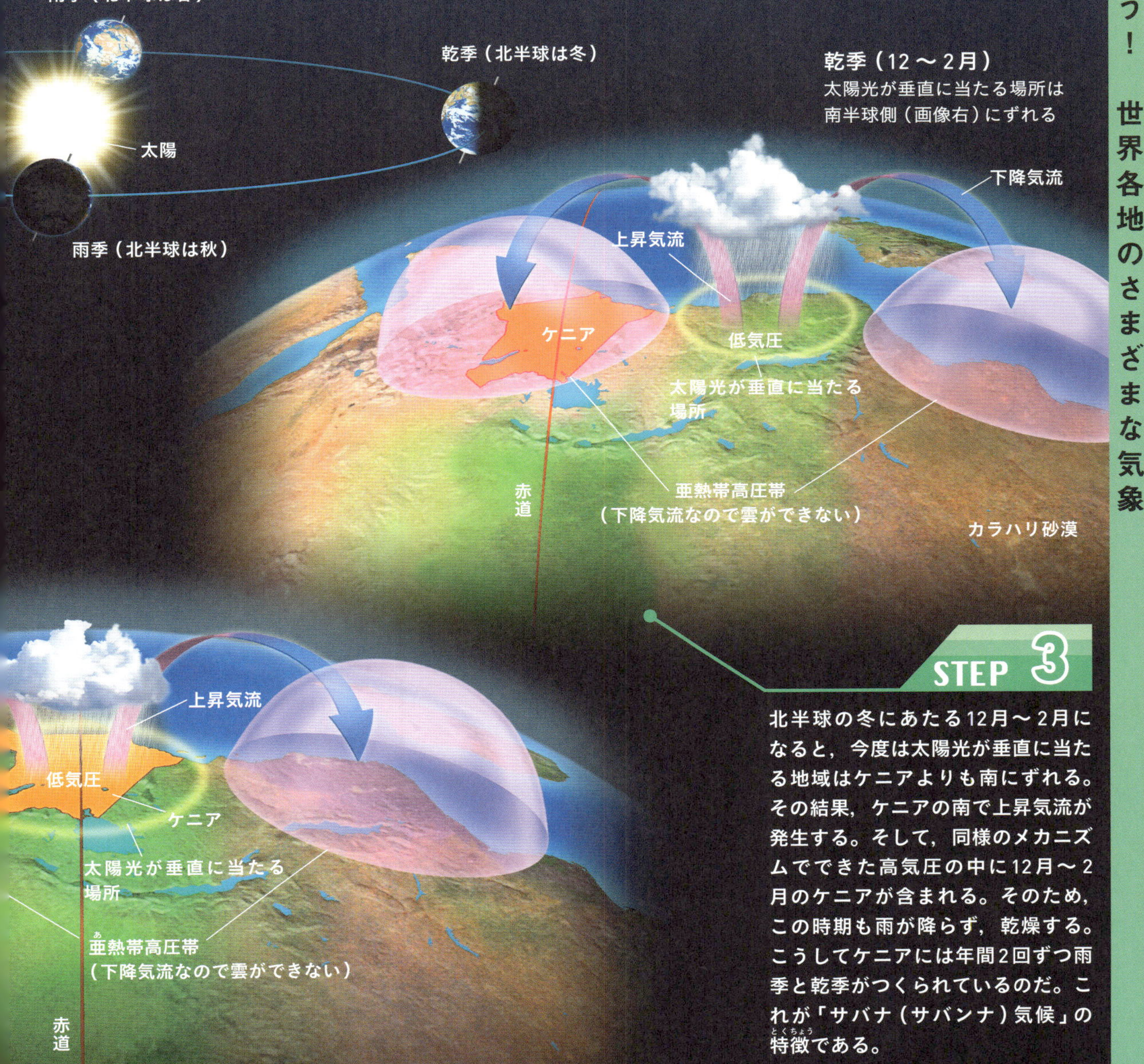

STEP 3

北半球の冬にあたる12月～2月になると，今度は太陽光が垂直に当たる地域はケニアよりも南にずれる。その結果，ケニアの南で上昇気流が発生する。そして，同様のメカニズムでできた高気圧の中に12月～2月のケニアが含まれる。そのため，この時期も雨が降らず，乾燥する。こうしてケニアには年間2回ずつ雨季と乾季がつくられているのだ。これが「サバナ（サバンナ）気候」の特徴である。

注：各イラストは左方向が北になる

4 こんなにちがう！世界各地のさまざまな気象

アジアが高温多湿なのは「モンスーン」のせい

STEP 2

海風・陸風と似たメカニズムで，数千キロメートルという大規模な範囲で生まれる風が「モンスーン（季節風）」だ。夏に強い日射を受けるとインド内陸の温度が上がり，低気圧ができる。一方，陸地にくらべて温度の低い海（インド洋）には高気圧ができる。そして，海から大陸に向かって風が吹くのだ。この風はインド洋上で多量の水蒸気を含み，暖かく湿った南寄りの風となる。インドほどではないにしろ，夏は東アジア全域で高温多湿な気候となるのだ。

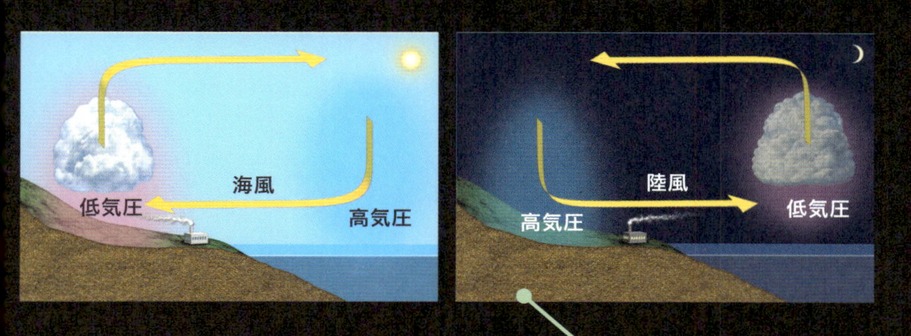

STEP 1

夏の日の海辺に行くと，海のほうから涼しい風「海風」が吹いてくる。陸は海より温まりやすいので，日が昇ると陸の温度はぐんぐん上がる。それとともに陸上の空気は温められて膨張し，低気圧ができる。一方，海上は陸にくらべて気温が低く空気が重いので，高気圧になる。その結果，気圧の高い海から気圧の低い陸地へ向けて，空気の移動（風）が生じる。この風が海風だ。夜は逆に，陸で高気圧，海で低気圧ができることになり，陸から海に向かって「陸風」が吹く。

STEP 3

一方，冬になると，はげしい冷え込みによって大陸内部の空気は重くなって高気圧が発生する。すると相対的に気温の高い海洋には低気圧ができる。これによって，大陸内部の寒気が海へ向かって流れ出す。ヒマラヤ山脈があるため南のインド洋には行かず，その分，南東の太平洋に向けて流れていく。これによって，冬の東アジアには，冷たい北西のモンスーンが吹くことになる。

4 こんなにちがう！
世界各地のさまざまな気象

地中海は緯度が高くても温かいわけ

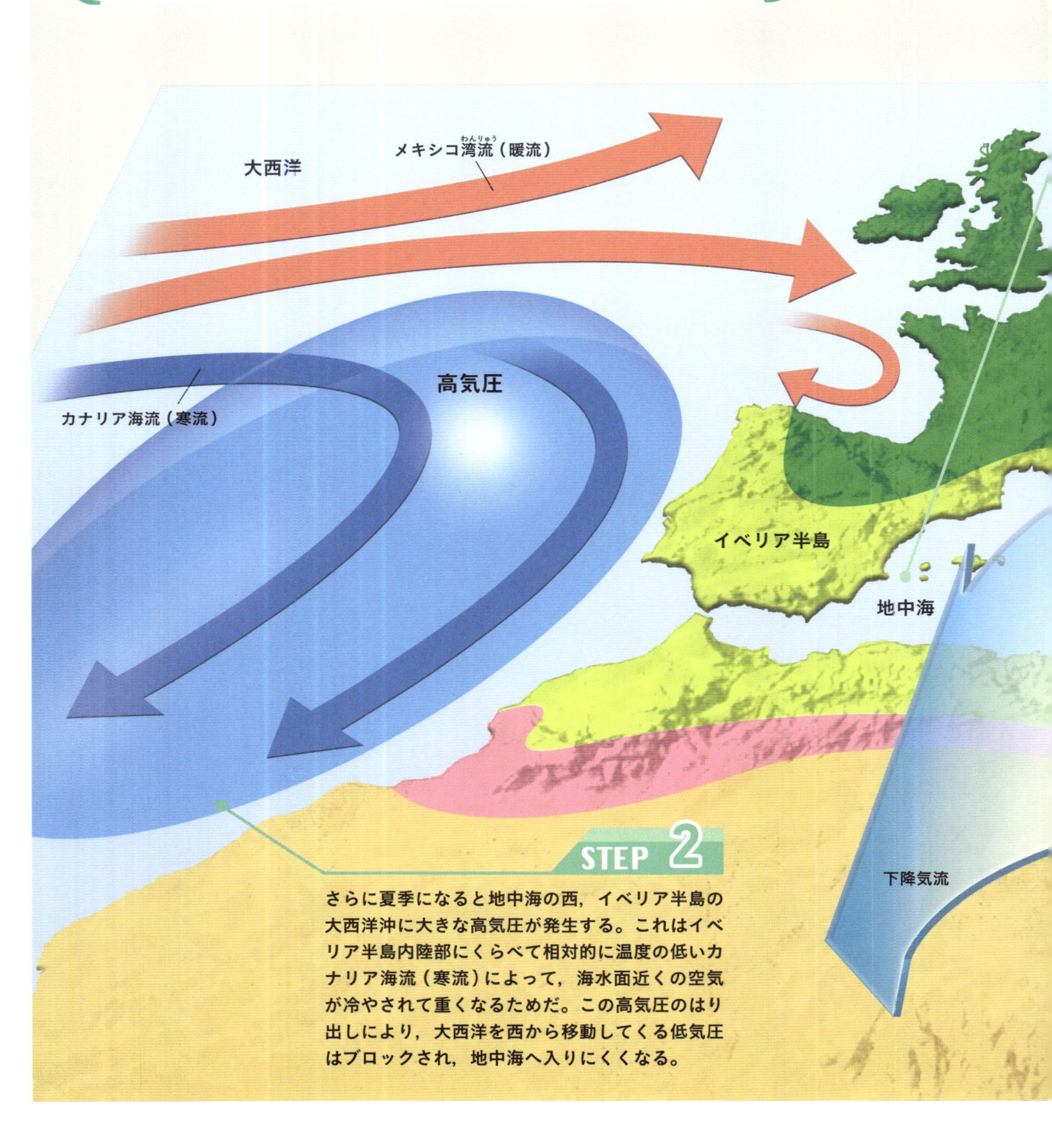

さらに夏季になると地中海の西，イベリア半島の大西洋沖に大きな高気圧が発生する。これはイベリア半島内陸部にくらべて相対的に温度の低いカナリア海流（寒流）によって，海水面近くの空気が冷やされて重くなるためだ。この高気圧のはり出しにより，大西洋を西から移動してくる低気圧はブロックされ，地中海へ入りにくくなる。

STEP 1

風呂のお湯が冷えるまでに時間がかかるように，一度温まった海もなかなか冷えない。海域によって多少の差もあるが，夏の強い日射で温められた海水温は，冬になっても5℃ほどしか低下しない。イタリア半島は，この海水温がほとんど変化しない地中海に三方を囲まれている。地中海には大規模な海流はなく，寒流も暖流も外部から流入しない。まさに巨大な風呂のように温度を保っているのだ。そのため，地中海周辺の地域は冬も強く冷え込むことはない。

STEP 3

また夏季には，ヒマラヤ山脈のインド側で発生した上昇気流（64ページ）の一部が冷やされながら地中海上空まで流れ出し，それが地中海付近で下降気流となるため，地中海自体でも高気圧ができる。その結果，天気がくずれにくくなる。イタリアが，夏は暑く乾燥した晴天になり，冬は緯度が同じくらいの北日本よりも冷え込みが弱く，温暖ですごしやすいのはこのためである。

4 こんなにちがう！
世界各地のさまざまな気象

英国人は“傘をささない”といわれるわけ

低気圧の中心に向かって
反時計まわりに渦を巻く雲

低気圧の中心

STEP 2

温帯低気圧は次のように変化していく。まず北からの寒気と南からの暖気が接触する（1）。冷たく重い寒気は暖気の下に，暖かく軽い暖気は寒気の上に，反時計まわりにまわり込もうとする（2）。寒気に押し上げられた暖気により，水蒸気が上空へ運ばれて雲ができる。このとき，回転の中心が低気圧となる（3）。日本列島を通過する温帯低気圧は，この1～3のステップにあることが多い。

北大西洋の温帯低気圧の一生（北半球の場合）

STEP 3

北大西洋の低気圧の中心に，暖気の上昇によってできた雲も巻き込まれはじめると，イラストのような渦状の雲がつくられる。この状態になると，暖気が上層，寒気が下層となって大気の状態が安定し，やがて温帯低気圧は消失する（4）。イギリスを通過する温帯低気圧は4のステップにあることが多い。このような低気圧が通過すると，天気は雨と晴れを連続してくりかえすことになる。

STEP 1

イギリスやノルウェーなど，高緯度のヨーロッパの国々では，雨が降り出しても数十分で晴れることがよくある。そしてその晴天も数十分でくずれ，ふたたび短い時間雨が降る。これが数回にわたってくりかえされるのが，この地域の特徴である。このような天気になる原因が，渦巻き状の雲をともなった温帯低気圧だ。渦巻き状の雲とその間の晴れ間が連続して通過するためにおこるのである。

4 こんなにちがう！
世界各地のさまざまな気象

海が原因で「砂漠（さばく）」ができることがある？

高気圧

STEP 2

アタカマ砂漠の沖合いには「ペルー海流」が流れている。この海流は南極海から冷たい海水を運んでくるため，沿岸の海水温は低くなっている。この地域では冷たい海上に高気圧が居座っており，低温の海で冷やされた空気は，高気圧から吹（ふ）き出す風で陸地に吹き込（こ）む。冷たい空気は，少しの量しか水蒸気を含（ふく）むことができず，陸地で温められると湿度（しつど）が下がり乾燥する。そのため，雲ができにくいのだ。

STEP 3

この地域は海岸沿いに低い山地があり，海からの気流が侵入しにくくなっている。さらに，広い範囲で高気圧にともなう下降気流が上空に空気の“ふた”をつくり（1），上昇気流を途中でさまたげているため，雨を降らすような厚い雲が生まれにくくなっている（2）。また，海上の冷たく湿った空気は，しばしばこの図のように薄い層状の雲をつくる（3）。この雲は日光をさえぎるため，海の温度が上がるのをさまたげる効果がはたらく。このように，さまざまな条件が重なり合って沿岸に砂漠が生まれるのだ。

STEP 1

砂漠といえば，モンゴルの「ゴビ砂漠」のように海から遠くはなれた大陸内部に広がるものをまずイメージするだろう。ところが，チリの「アタカマ砂漠」は，海沿いに細長く広がる不思議な砂漠である。海沿いであれば湿った風が入り，雨が降ってもよさそうだが，アタカマ砂漠にはほとんど雨が降らない。なぜ海沿いにきわめて乾燥した砂漠ができるのだろうか。

注：海面水温は7月の平均的なものであり，赤いほど高く，青いほど低い。冷たい海水の広がりをわかりやすくするため，24℃の等温線を境に色を赤から青に変えてある。

4 こんなにちがう！
世界各地のさまざまな気象

北極よりも南極の方が寒い

STEP 1

北極域のスバールバル諸島（北緯78度）の年間平均気温が－4℃であるのに対し，南極大陸にあるボストーク基地（南緯78度）の年間平均気温は－55.2℃を記録している。その差は50℃近くになる。このように北極よりも南極の方がはるかに気温が低いのは，それぞれの地理的な要因によるものだ。

ボストーク基地

STEP 3

一方，南極には，面積1360万平方キロメートル，平均標高約2300メートルの大陸がある。冬はこの大陸でおこる放射冷却によって気温が大幅に下がり，－65℃を下まわることもめずらしくない。そのいちじるしい気温の低下によって地表付近の大気は重くなる。そのため，高気圧が発達し，しばしば周囲に向かって風が吹き出す。さらに南極大陸はお椀を伏せたような形をしているため，この風は高地から低地に向かって吹き下りる。その速度は，氷の谷に沿って秒速数十メートルになることもある（カタバ風）。北極とちがい海洋に囲まれているため，南極の気象はほかの大陸から孤立し独特なものとなっているのだ。

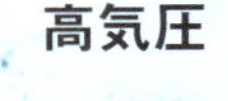

STEP 2

北極域の大部分は冬，氷に閉ざされているが，その下には1400万平方キロメートルにおよぶ海洋がある。この海洋の保温効果によって北極の気温はいちじるしく低下することはない。むしろ冬には，シベリア北東部の方が気温が低くなる。また，北極海は夏でも北アメリカ大陸沖を中心に氷が存在する。北極海の高気圧は，アラスカ沖によく発生し，相対的に高温で低気圧の発生しやすい北極海に風が吹き込む。しかし，大陸のない北極は南極とくらべると冷え込みが弱く，発生する高気圧の大きさも，そこから吹き出る風の強さも，大きなものとはならない。

4 こんなにちがう！ 世界各地のさまざまな気象

Q&A

Q/ ケッペンの気候区分による，それぞれの気候の特徴とは？

A/ 熱帯気候は，大きく三つに分けられる。「熱帯雨林気候」は地球で最も気温の高い地域の気候である。強い日射で温められた空気は頻繁に上昇する。その際に，海洋や大河の水蒸気を上空に運ぶため，午後になると上空に厚い雲をつくり，強い雨を降らせる。はっきりした乾季はない。「熱帯モンスーン気候」は弱い乾季と雨季がある。「サバナ気候」は乾季と雨季が明瞭に分かれている。サバンナ気候ともよぶ。

乾燥帯気候は，大きく二つに分けられる。「砂漠気候」では，下降気流の帯に入るため，一年を通して高気圧が発達している。雲ができることはめったにない。「ステップ気候」では，下降気流の帯に入るため，基本的に乾燥している。夏になると日射が強くなるため，雲がつくられて弱い雨季となる。

温帯気候は，大きく四つに分けられる。「地中海性気候」では，冬になると雨が降るが，夏は乾燥して高温となる。「温暖冬季少雨気候」では，夏は大規模な海風（モンスーン）の影響で高温湿潤となる。その一方で，主に内陸であるため冬は水蒸気が少なく乾燥する。「温暖湿潤気候」は多量の水蒸気を発生する暖流の近くに位置するため，とくに夏季は気温も湿度も高くなる。中緯度にあるため，四季の変化が明瞭なことも特徴の一つだ。「西岸海洋性気候」は，暖流によって低緯度から熱が運ばれてくるため，冬でもいちじるしい気温の低下がないことが特徴である。ただし，海の影響で夏は涼しくなる。

冷帯気候は，大きく三つに分けられる。「高地地中海性気候」は，地中海性気候やステップ気候に隣接する高地でみられる。「亜寒帯冬季少雨気候」では，冬になるとシベリア高気圧が発達するため，乾燥し，きびしい寒さとなる。「亜寒帯湿潤気候」では，日射の弱い冬は寒さがきびしくなるが，夏には気温が上がり，雨も降る。

寒帯気候は，大きく二つに分けられる。「ツンドラ気候」では，年間を通じて北極の寒気の影響を受けるため，きびしい寒さとなる。日射量も少ないため，樹木が育たない。ヒマラヤなどの高山もこの気候になる。「氷雪気候」は，南極やグリーンランド内部にみられる。放射冷却などによって極度に冷え込むため，一度降り積もった雪はきわめてとけにくく，氷河が発達する。

海流を生み出す原動力は何か？

A/ 海にはいつもだいたい同じ方向に動いている流れがあり，これを海流とよぶ。太平洋や大西洋などの大きな海をぐるりとまわり，元のところにもどってくる。

海流は，大規模なものや小規模なもの，海の表面を流れているものや深いところを流れているものなどさまざまだ。水温が高くて空気に熱をあたえる海流が「暖流」で，水温が低くて空気から熱をもらう海流が「寒流」である。

海流をつくるのは，貿易風や偏西風のように地球をだいたい同じ方向にまわって吹いている風だ。ただし，風が吹く方向と同じ方向に流れているわけではない。地球の自転の影響により，北半球では物体の進行方向が本来の進行方向よりも右方向にずれるという性質がある。この現象を引きおこすみかけ上の力を「コリオリの力」とよぶ。この力が海流の向きに影響をあたえているのだ。

海水が層状に分かれていると考えた場合，海の上で風が吹くと第1層の海水が運ばれ，第1層の海水の動きが第2層の海水を動かし，といったぐあいに，海水の動きが次々に下の層へと伝わっていく。このときコリオリの力の影響によって，下層に行くほど，海水の移動方向は右へとずれていく（北半球の場合）。その結果，動いた海水全体としては，移動方向が風の向きに対して90度右にずれることになる。これを「エクマン輸送」とよぶ（下の図）。

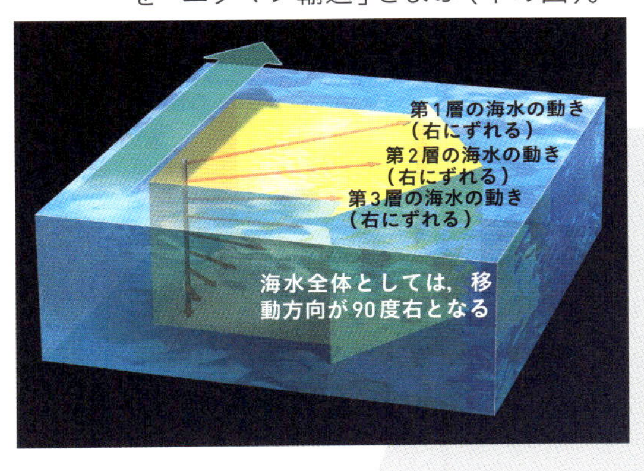

北海道よりも北にあるロンドンが温暖な理由とは？

A/ イギリスは北海道より500キロメートル以上も北に位置する。そう考えると，北海道よりもさらに寒いのではと思いたくもなるが，実際のイギリスのロンドンの年平均気温は10℃であり，日本の東北地方とほぼ同じだ。

その秘密は，イギリスの周囲に広がる海の水温にある。イギリスは高緯度にもかかわらず，温かい10℃以上の海水に囲まれているのだ。アメリカのフロリダ半島のあたりから，ヨーロッパに向かって流れる海流は，はるばる大西洋を横断して，イギリス付近まで温かい海水を運んできている。ロンドンが温暖なのは，この海流のおかげなのである。

沿岸に広がる温かい海水は，陸地が冷え込む冬になっても，“暖房”となってその地域の空気を温める。北緯45度の稚内では，12月から3月にかけての月平均気温が0℃を下まわるが，北緯51度のロンドンでは，年間を通じて月平均気温が0℃を下まわることはないのである。

赤道の海水は，実は冷たい？

A/ 太陽がほぼ真上から当たる赤道直下の海は，地球で最も温かい海のはずである。ところが海水温の分布をみてみると，太平洋の東部では赤道上に周囲より冷たい海水域が細くのびているのだ。いったいなぜこのような現象がおこるのだろうか。

赤道には，東から西へ向かう風（貿易風）がつねに吹いている。この東寄りの風が吹くと赤道の北側（北半球）では，エクマン輸送によって海水が北に向かって動かされる。一方，赤道の南側（南半球）では，コリオリの力が北半球とは逆向きにはたらくので，エクマン輸送によって海水が南に向かって動かされる。つまり，赤道に東寄りの風が吹くと，表面の海水は南北に“引き裂かれる”ように動くのだ。

海水が南北に移動してしまうと，それをおぎなうように深層から冷たい海水が表面へとわき上がってくる。この現象を「赤道湧昇」とよぶ。これが赤道にのびる冷たい海水の帯の正体である。

5 生活をおびやかす異常気象と災害

集中豪雨をもたらす「線状降水帯」とは

風下側へつらなる積乱雲

STEP 2

複数の積乱雲が発生しつづけるメカニズムの一つが，「バックビルディング」とよばれる現象だ。上空に適度な風の流れがあると，発生した積乱雲はその風に流されるようにして風下へ移動する。そこで発達した積乱雲からは，冷たい下降気流が吹き出し，その冷たい空気は地面にぶつかって広がる。すると，その冷たい空気は，風上側に吹き込んでくる暖気とぶつかり，新しく雲が発生し積乱雲に発達する。新しく生まれた積乱雲も，上空の風に流されて移動していく。このように積乱雲が生まれては流されることをくりかえすことで，積乱雲の列ができることがある。これが「線状降水帯」である。その長さは，数百キロメートルにもおよぶこともある。

九州で線状降水帯が発生した際の模式図

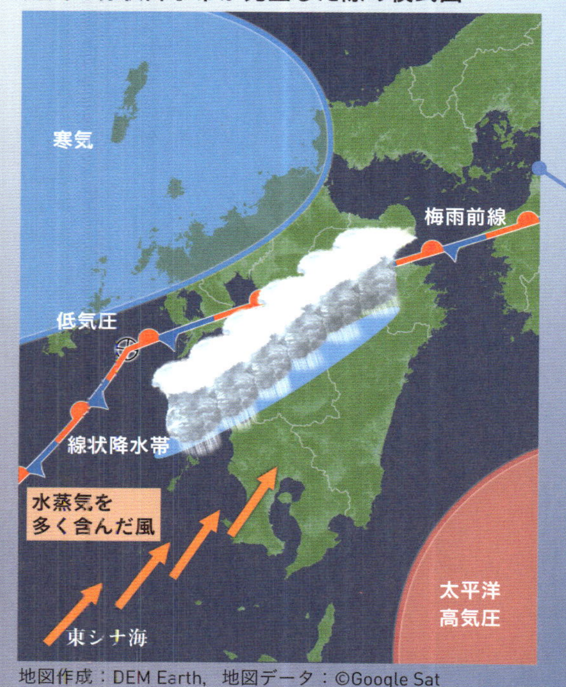

地図作成：DEM Earth，地図データ：©Google Sat

STEP 3

集中豪雨は河川の氾濫やがけ崩れなどの土砂災害をもたらす。九州を中心とした広い地域が記録的な豪雨に見舞われた「令和2年7月豪雨」の要因となった線状降水帯も，このバックビルディングで発生したと考えられている。また都市部で集中豪雨がおこった場合，排水が追いつかずに路面が冠水したり，ときには地下街や道路が立体交差するアンダーパスに水が流れ込んだりといった「都市型水害」が発生することもある。

STEP 1

せまい範囲に数時間にわたって100〜数百ミリメートルもの大雨をもたらすのが「集中豪雨」である。この大雨の原因は積乱雲にある。一つの積乱雲の寿命は30分〜1時間で，その雨量は数十ミリメートル程度だ。しかし，積乱雲が同じような場所で発生しつづけると，集中豪雨となるのである。

5 生活をおびやかす異常気象と災害

「台風」の正体は，積乱雲が集まった渦

STEP 1

台風とは，秒速17.2メートル以上の風をともなう「熱帯低気圧」のことだ。赤道に近い低緯度の海域は海水温が高く，風のぶつかりあいなどによって上昇気流が生じ，積乱雲が発生しやすい場所になっている。次々と発生する積乱雲は，やがて集団となり渦をつくる。これが台風の正体である。

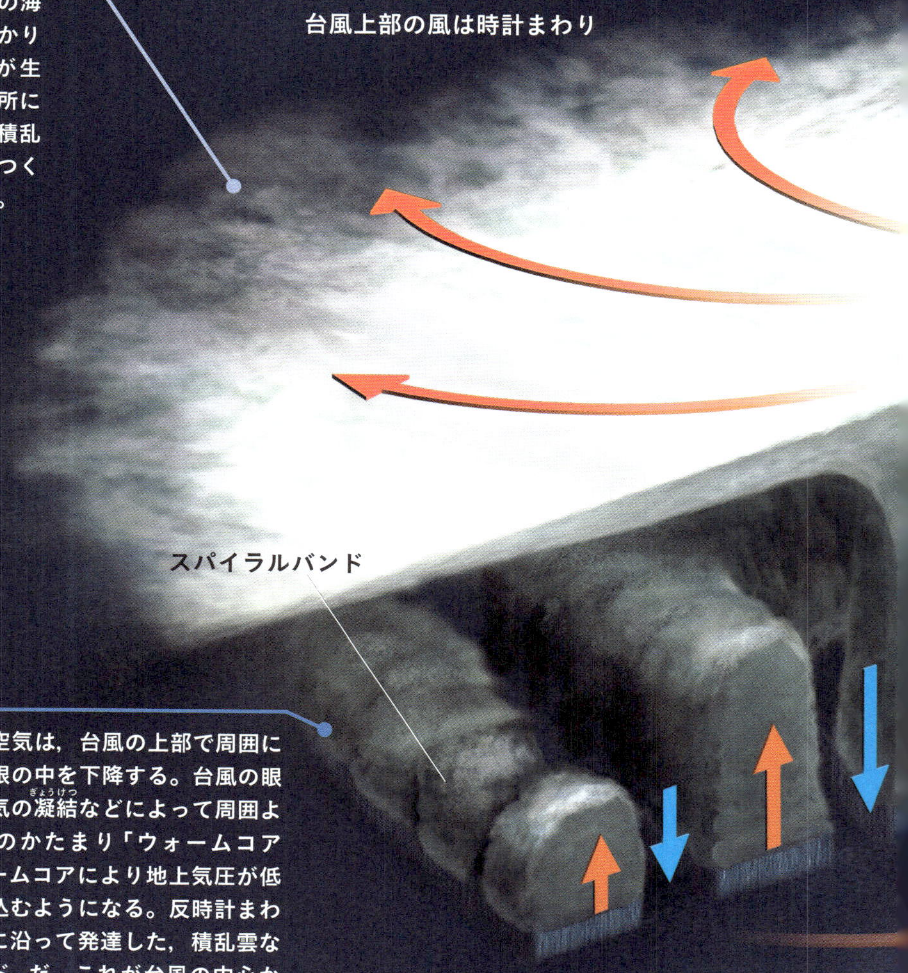

台風上部の風は時計まわり

スパイラルバンド

STEP 3

壁雲をらせん状に上昇してきた空気は，台風の上部で周囲に向かって吹き出すほか，一部は眼の中を下降する。台風の眼の中には，この下降気流や水蒸気の凝結などによって周囲より10℃以上も暖かく軽い空気のかたまり「ウォームコア（暖気核）」ができている。ウォームコアにより地上気圧が低下し，周囲からさらに風が吹き込むようになる。反時計まわりに中心に向かって吹き込む風に沿って発達した，積乱雲などの雲の列が「スパイラルバンド」だ。これが台風の中心からはなれた場所にも大雨をもたらす原因となる。

STEP 2

台風の中心部は，台風の「眼」とよばれており，雲がほとんどない。これは台風に吹き込む猛烈な風が反時計まわりに回転し，その遠心力によって中心部まで雲が入れないことなどが理由だ。台風の眼のまわりには，壁のように高くそびえる積乱雲（壁雲，アイウォール）ができる。台風の中心に向かって吹き込んだ風は，眼のまわりの壁雲の中をらせん状に上昇している。この上昇気流によって眼のまわりの壁雲は発達し，雲の下にははげしい暴風雨をもたらすのである。

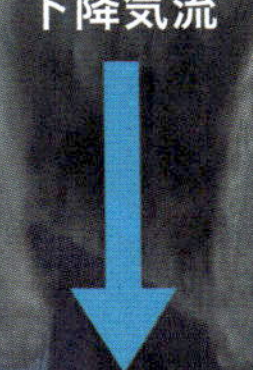

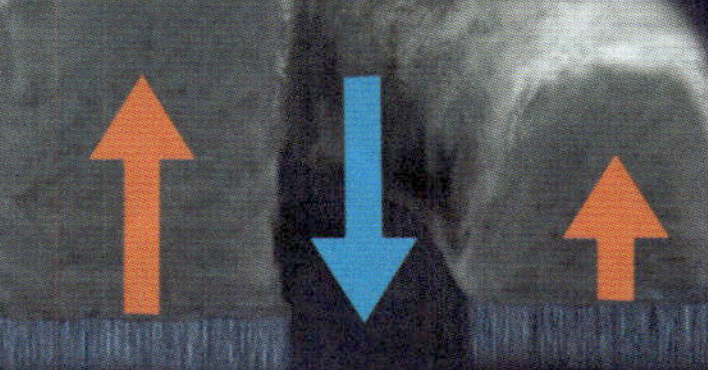

5 生活をおびやかす異常気象と災害

台風の進路を決める太平洋高気圧と偏西風

西から東に吹く偏西風

STEP 2

日本付近にやってきた台風は，今度は「偏西風」の影響を受ける。中緯度の地域の上空では，つねに西から東に向かって偏西風が吹いている。そのため，台風は進路を東寄りに変えて，北東へと進むようになる。こうして夏から秋にかけての台風は，日本列島を縦断するような進路をとることが多くなるのだ。

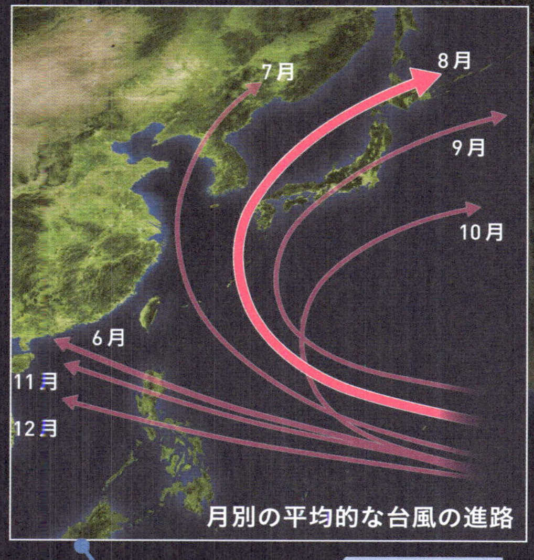

月別の平均的な台風の進路

STEP 3

台風は時期によって進みやすい経路がある。右に大きく示した図は，8月の平均的な台風の進路をえがいたものである。統計上，8～9月は台風の発生数，日本への接近数・上陸数が年間で最も多くなる。上の図のように，太平洋高気圧の勢力が弱まる時期は，台風が日本に接近しにくくなるのである。

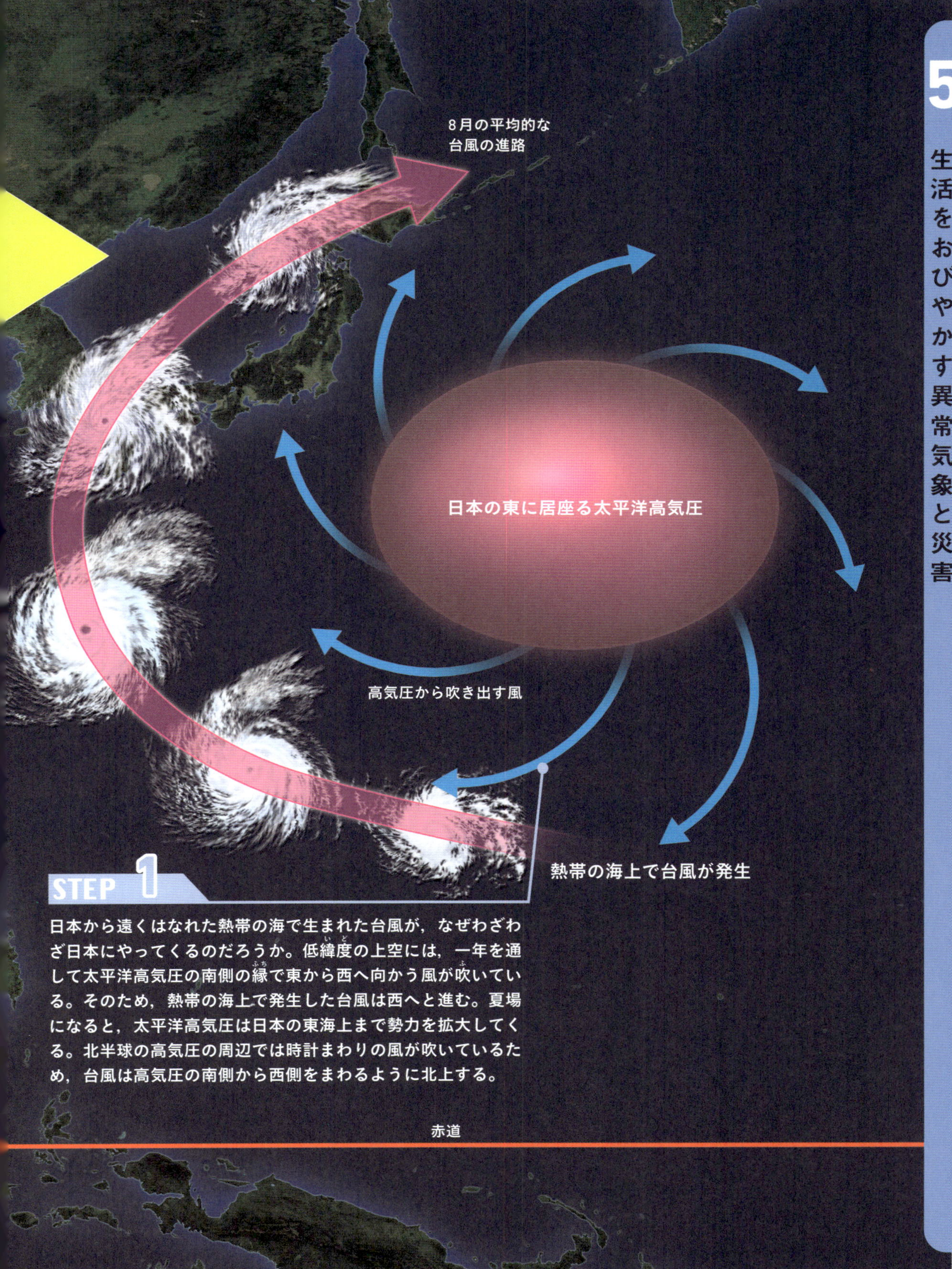

STEP 1

日本から遠くはなれた熱帯の海で生まれた台風が，なぜわざわざ日本にやってくるのだろうか。低緯度の上空には，一年を通して太平洋高気圧の南側の縁で東から西へ向かう風が吹いている。そのため，熱帯の海上で発生した台風は西へと進む。夏場になると，太平洋高気圧は日本の東海上まで勢力を拡大してくる。北半球の高気圧の周辺では時計まわりの風が吹いているため，台風は高気圧の南側から西側をまわるように北上する。

5 生活をおびやかす異常気象と災害

「竜巻」は巨大な積乱雲から生まれる

STEP 1

日本では夏〜秋にかけて多く発生し，家屋などに大きな被害をもたらす「竜巻」。アメリカの内陸部では，日本では観測されたことがないような巨大な竜巻（トルネード）が数多く発生する。勢力の強い竜巻は，きわめて大きく発達した「スーパーセル」とよばれる積乱雲から生じる。スーパーセルは強い上昇気流で地表の暖かく湿った空気を取り入れながら数時間にわたって発達することもある特殊な積乱雲だ。スーパーセルを上空からみると，雲全体が回転している。また，その内部には，「メソサイクロン」とよばれる，強い上昇気流をともなう直径数キロメートル程度の小さな低気圧がある。

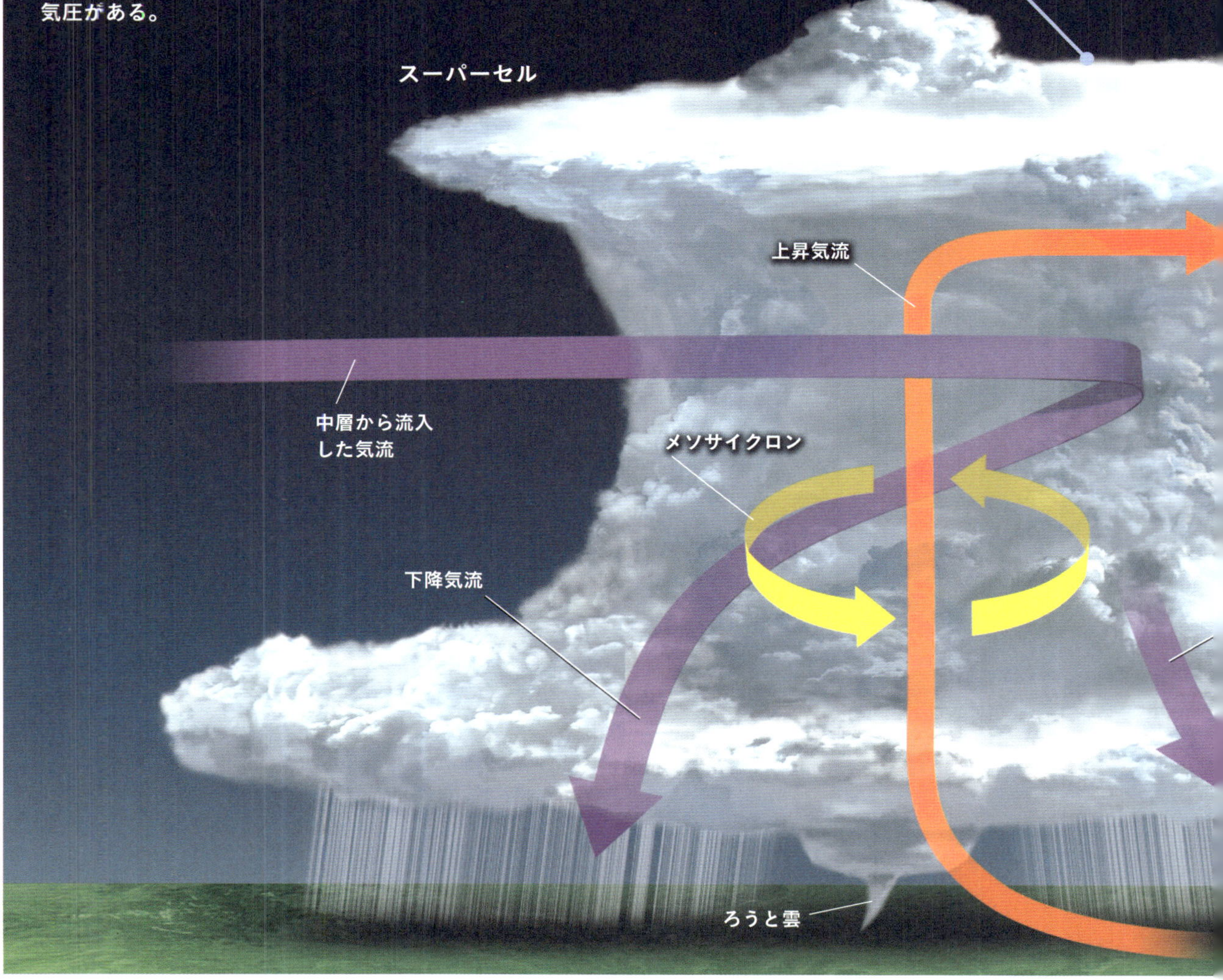

STEP 3

一方，よく晴れた日に，運動場などの広い場所で風が渦を巻いてテントなどを吹き飛ばすことがある。これは竜巻とは別の，「つむじ風」という現象だ。地面が温められて気温が上がると上昇気流が発生する。これに，地上付近の弱い空気の渦が引きのばされることで発生する。竜巻とくらべて，つむじ風の寿命は短い（数秒〜数分）が，風速は秒速20メートル程度に達することもある。

STEP 2

地上の風のぶつかりあいなどで生じた渦が，メソサイクロンの下側にある上昇気流によって上に引きのばされるなどして，直径数十〜数百メートルほどの細く強い渦になることがある。これが竜巻の正体だ。巨大な竜巻の風速はときに秒速100メートルをこえる。そうなると竜巻の進路上にある住宅はばらばらに破壊され，自動車なども飛ばされてしまうほどである。

竜巻付近の拡大図

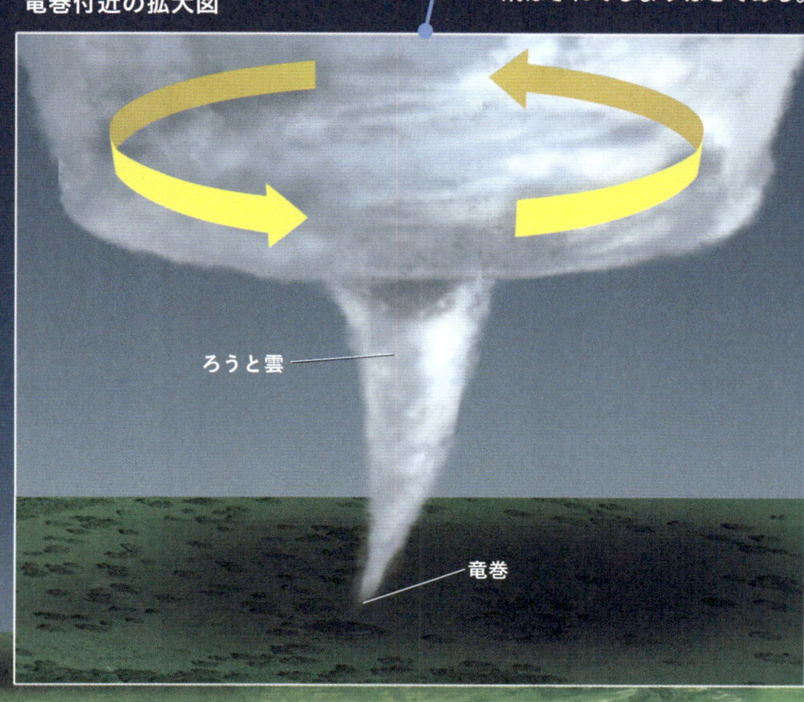

下降気流

5 生活をおびやかす異常気象と災害

秒速70メートル近い風速「スーパー台風」の威力

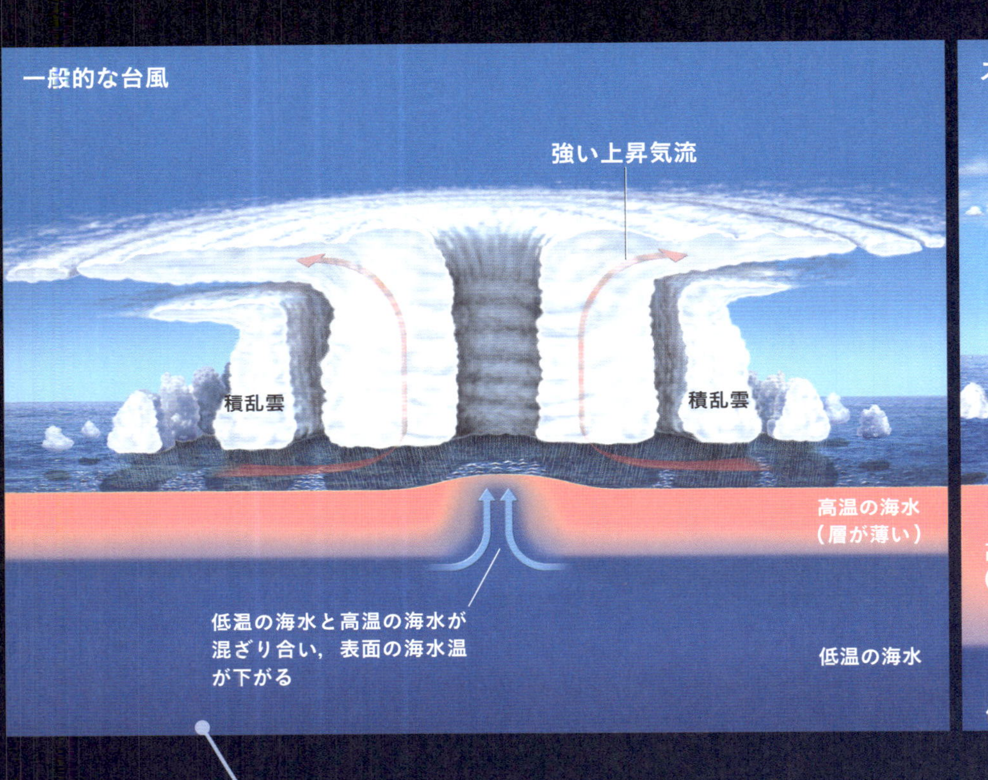

STEP 1

台風のエネルギー源は，熱帯の温かい海水面から供給される水蒸気である。一般的に台風は，海面水温がおよそ26℃以上の場所で発達し，海面水温が高いほど強い台風になる可能性がある。しかし，温度の高い海水の層が薄い場合，台風は強さを維持しにくい。なぜなら，台風自身の風によって海水がかき混ぜられ，海面に近い高温の海水と深いところにある低温の海水が混ざり合うと，海面の水温が下がってしまうためだ。

STEP 2

近年，非常に強い勢力の台風による被害(ひがい)がふえてきている。日本でも，2019年に「令和元年東日本台風」が各地で甚大(じんだい)な被害をもたらした。この台風の最大風速は秒速55メートルだった。日本では，中心付近の最大風速が秒速54メートルをこえる場合，「猛烈(もうれつ)な」台風と表現する。また，2013年にフィリピンに甚大な被害をもたらした台風「ハイエン」のように，最大風速が秒速60メートル以上の台風は，アメリカでは「スーパー台風」とよばれる。

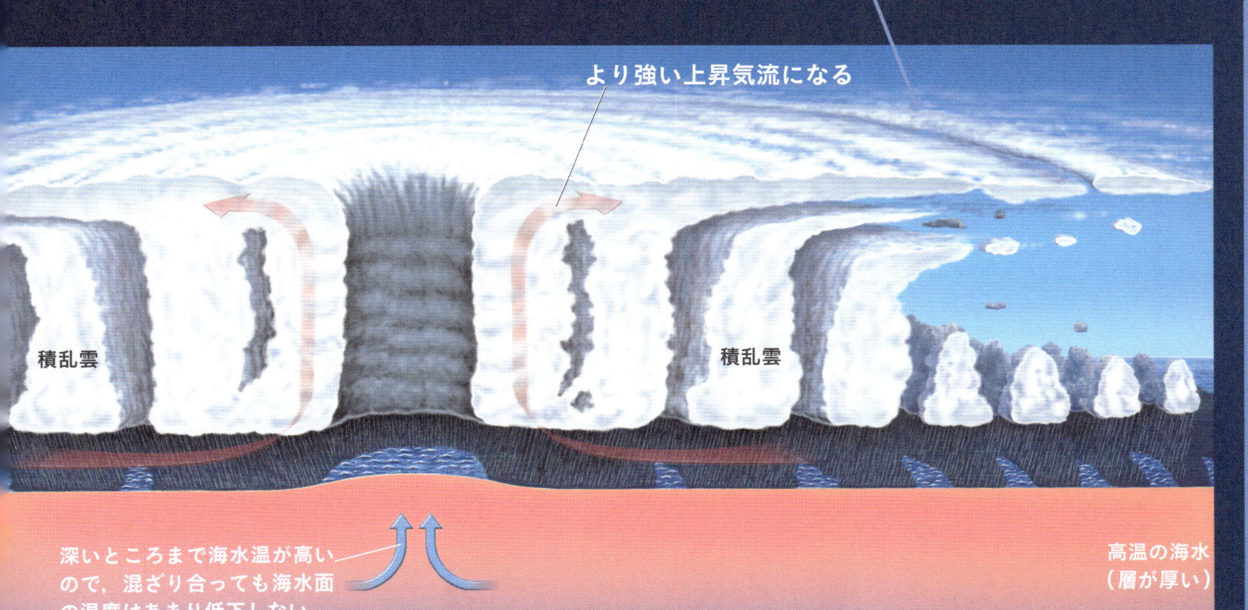

STEP 3

なぜ台風がそこまで発達するのだろうか。温度の高い海水の層が厚い場合，強い台風が発生する可能性が高くなる。海水の混ざり合いがおこっても，より深いところにある低温の海水まで混ざらないため，海面の水温が下がらない。その結果，上昇(じょうしょう)気流の威力が弱まらないため，台風の発達が進むのだ。高温の海水の層が厚くなる原因の一つとして考えられているのが，「地球温暖化」の影響(えいきょう)である。

5 生活をおびやかす異常気象と災害

世界中に影響をおよぼす「エルニーニョ現象」

通常の状態

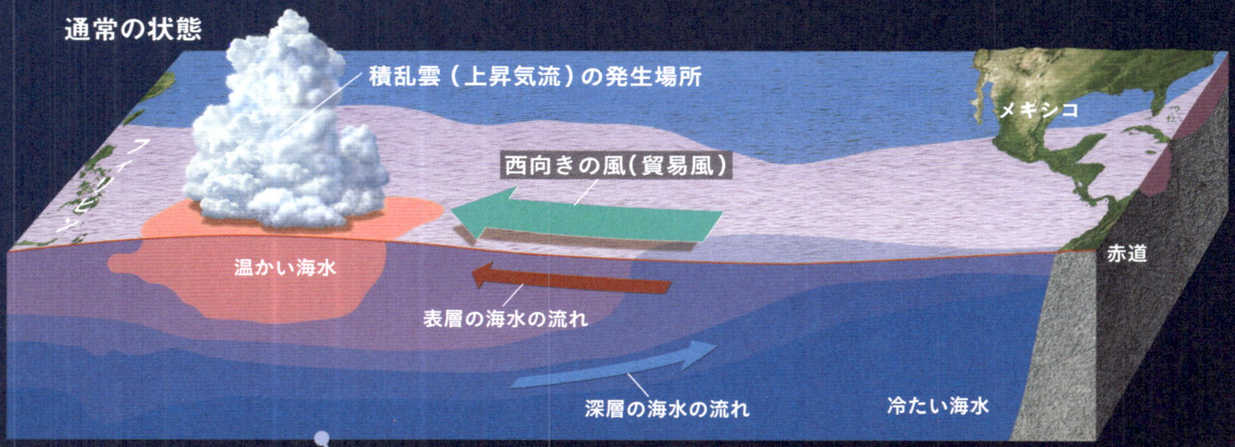

積乱雲（上昇気流）の発生場所

メキシコ

西向きの風（貿易風）

フィリピン

温かい海水

表層の海水の流れ

深層の海水の流れ

冷たい海水

赤道

STEP 1

世界中で異常気象を引きおこす大きな原因の一つが「エルニーニョ現象」である。普段，太平洋の赤道付近では西向きに貿易風が吹いている。この風が温かい海水を西側に運んでいるのだ。そのため，東側の海水面の温度は低く，西側の海水面の温度は高い状態となっている。その結果，温かい海水がたまっている西側のインドネシア近海では，積乱雲が発生・発達しやすくなる。イラストでは，青色から紫色，赤色になるにしたがって海水温が高くなっていることを示している。

ラニーニャ現象

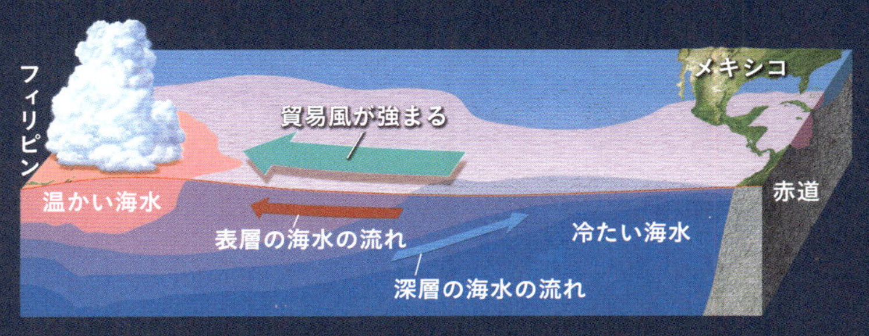

STEP 3

一方，エルニーニョ現象とは逆に，太平洋赤道域において，貿易風が強くなり，温かい海水面がより西に集中する場合がある。その結果，太平洋西部の上昇気流が強まり，積乱雲が発達しやすくなる。これを「ラニーニャ現象」とよぶ。この現象が発生すると，太平洋赤道付近の西側海域では，平年よりも多くの雨が降る。また，エルニーニョと同様に世界各地の気象に影響をあたえる。ラニーニャ現象が発生すると，日本は厳冬と猛暑（もうしょ）になりやすくなる。

エルニーニョ現象

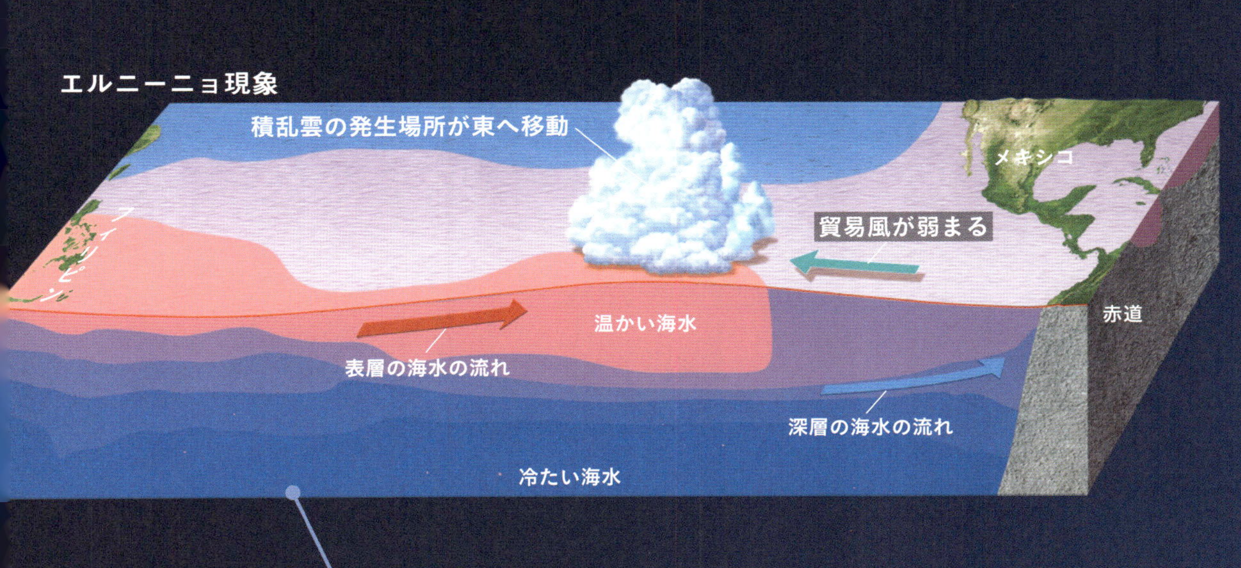

STEP 2

エルニーニョ現象とは，数年に一度，東太平洋の赤道付近の海水温が，広い範囲（はんい）にわたって平年より高くなる現象をさす。東風（貿易風）が弱まると，西側にあった温かい海水が東側へ広がる。その結果，東側の海面水温が平年よりも1℃〜5℃上昇（じょうしょう）するのである。温かい海水の移動にともない，積乱雲が発生・発達しやすい場所も東に移る。その結果，世界中で天候の変化が引きおこされるのだ。エルニーニョ現象が発生すると，日本は暖冬と冷夏になりやすくなる。

5 生活をおびやかす異常気象と災害

なぜ二酸化炭素がふえると「地球温暖化」が進むのか

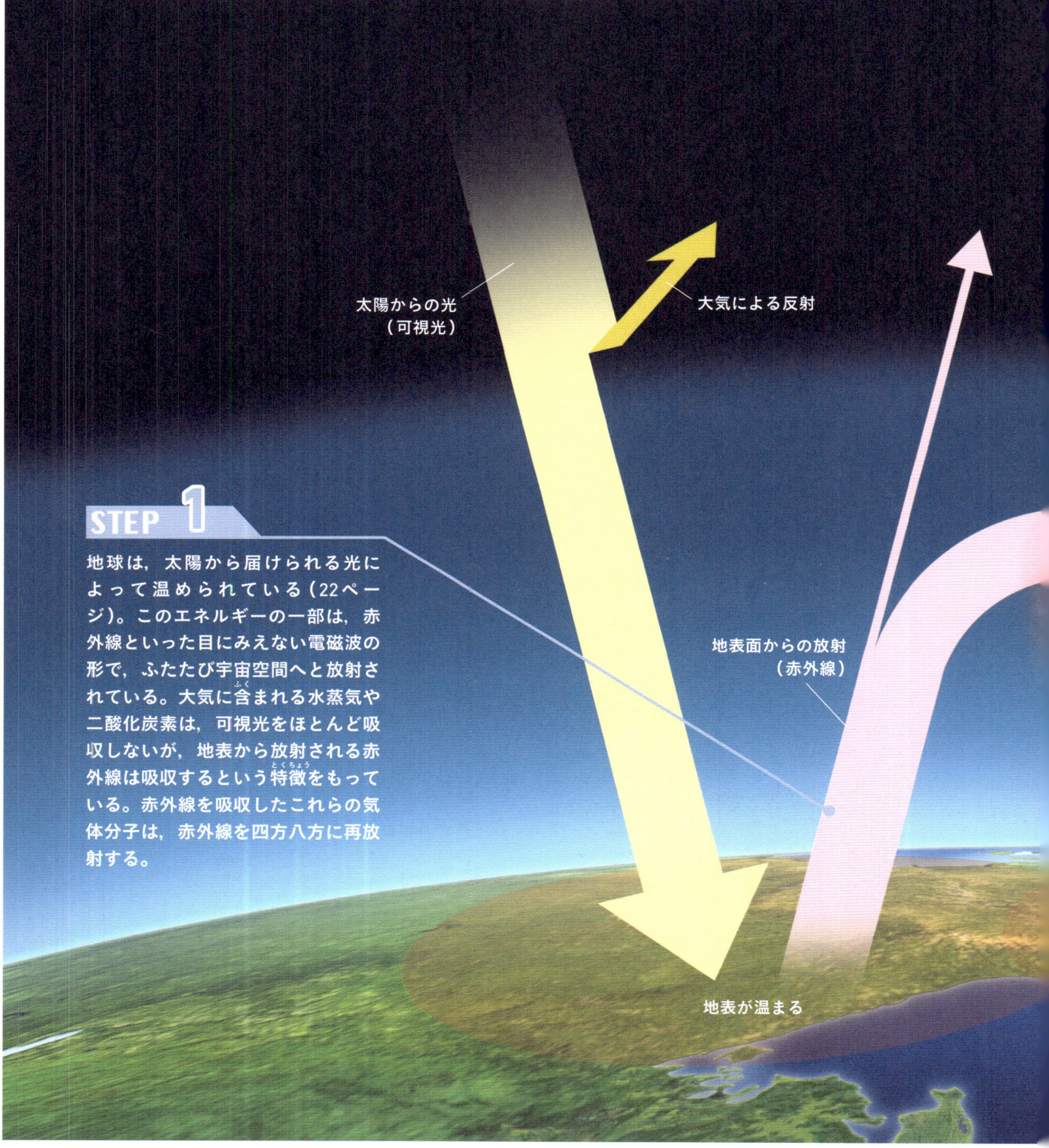

太陽からの光
（可視光）

大気による反射

地表面からの放射
（赤外線）

地表が温まる

STEP 1

地球は，太陽から届けられる光によって温められている（22ページ）。このエネルギーの一部は，赤外線といった目にみえない電磁波の形で，ふたたび宇宙空間へと放射されている。大気に含まれる水蒸気や二酸化炭素は，可視光をほとんど吸収しないが，地表から放射される赤外線は吸収するという特徴をもっている。赤外線を吸収したこれらの気体分子は，赤外線を四方八方に再放射する。

STEP 2

このとき上向きの再放射は宇宙へと逃げていくが，下向きの再放射は地球を温める。このように大気が地球を温める現象は「温室効果」とよばれる。これをくりかえすことで，地球の気温は平均で15℃ほどに保たれている。もし大気による温室効果が無かった場合，地表の平均温度は－18℃程度になると考えられている。水蒸気と二酸化炭素に加え，一酸化二窒素やメタンといった気体も地球を温めるはたらきをもつため，これらの気体はあわせて「温室効果ガス」とよばれる。

STEP 3

人類は，石油などの多くの化石燃料を燃やすことで，多量の二酸化炭素を排出してきた。その結果，産業革命前にくらべて，大気中の二酸化炭素の濃度は約2倍になっている。さらに人類は，メタンや一酸化二窒素の大気濃度も急増させている。「Global Carbon Budget 2023」によると，人類は年間，二酸化炭素を約400億トンも排出しているという。増加した温室効果ガスが過剰に作用し，地球温暖化が進んでいると考えられるのである。

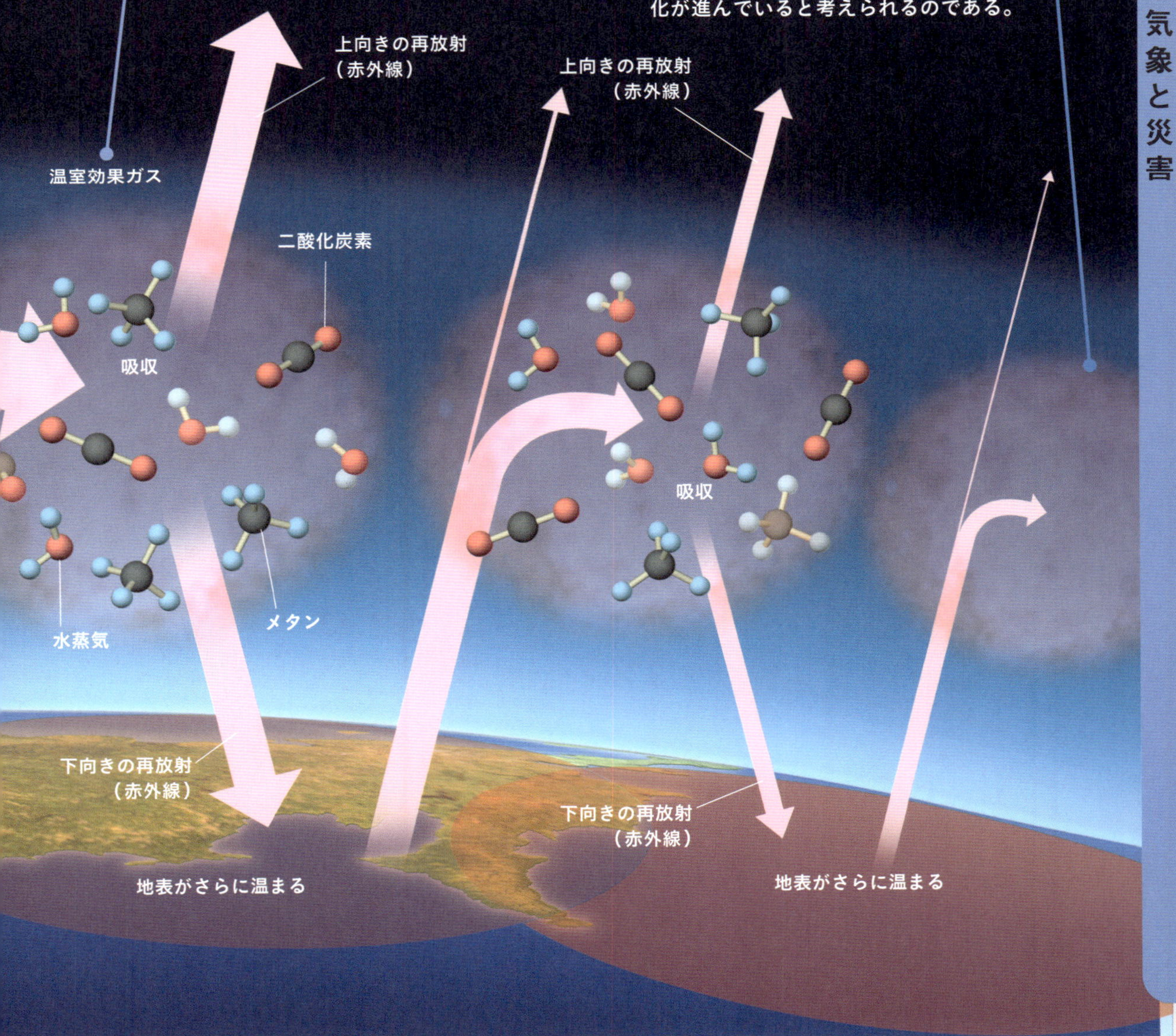

5 生活をおびやかす異常気象と災害

地球温暖化によってみえてくる「地球の未来予測」

STEP 1

温暖化の影響としてまず考えられるのが，気温の上昇である。この世界地図は，1986年～2005年の気温の平均とくらべて，2081年～2100年でどれだけ気温が上昇するのかを予測したものだ。温暖化への有効な対策がとられず，化石燃料への依存がつづくと仮定した場合のシナリオが用いられている。地球の温度は均一に上がるわけではなく，特に北極やロシア，カナダといった高緯度地域の方が温度上昇がはげしいと予想されている。

気温上昇の将来予測

−2 −1.5 −1 −0.5 0 0.5 1 1.5 2 3 4 5 7 9 11 (℃)

STEP 3

この世界地図は，1986年～2005年の降水量の平均とくらべて，2081年～2100年ではどれだけ降水量が増減するのかを予測したものだ。STEP1の予測と同じシナリオが用いられている。地球温暖化は降水量にも影響をあたえる。気温が上がると，大気中に存在できる水蒸気量も増加する。すると雲が発生しやすくなり，地球全体でみると降水量がふえるのである。また，単に降水量がふえるだけでなく「集中豪雨」の発生頻度もふえると考えられている。一方で，中緯度と亜熱帯の乾燥地域では降水量が減少すると推測されている。

このグラフは，北半球において最も海氷が少なくなる時期である9月における，北極圏の海氷面積の変化予測だ。紫線は温室効果ガス排出が少ないシナリオ「SSP1-2.6」，赤線はCO_2排出量が2100年までに現在の倍になるシナリオ「SSP3-7.0」である。SSP3-7.0シナリオにおいては，今世紀半ばまでに北極海で海氷がほとんど存在しない状態となる可能性が高い。北極の氷は地球全体の気候に非常に大きな影響をおよぼす。氷上よりも相対的に温度の高い海水面が露出すると，その上にある大気の温度も上昇することになる。その結果，上空の気圧が変化し，風の流れが大きく変化するのだ。

9月の北極海の海氷面積

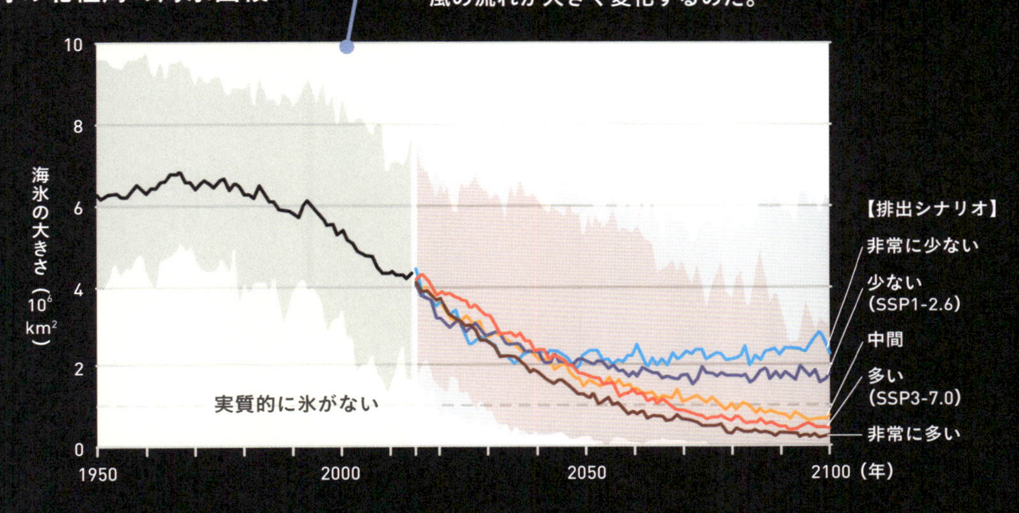

降水量の変化

注：各図表は，国連の「気候変動に関する政府間パネル（IPCC）」の第5次報告書，第6次報告書をもとに作成してある。

5 生活をおびやかす異常気象と災害

Q&A

Q／「異常気象」の定義とはいったい何だろうか？

A／気象庁の定義によると，「異常気象」とは「ある場所（地域）・ある時期（週・月・季節）において30年に1回以下で発生する現象」をさす。非常にまれな現象を異常気象というのだ。

しかし，報道では毎年のように異常気象という言葉を聞く。これは，異常気象の基準が，全国にある観測地点ごとに決められていることも影響している。ある地点で30年に1回の割合でおこる現象は，30地点につき1地点の割合でおこることと等しくなる。そのため，毎年どこかで異常な高温や雨量が記録されることは不思議ではない。なお，気象の「通常」に近い意味をもつ「平年」という言葉は「30年間の平均値」である。また実際には，どの頻度で出現したかにかかわらず，災害をもたらすような気象を異常気象とよぶ場合もある。

Q／「警報」と「注意報」は，どちらの方が危険度が高いのか？

A／大雨や暴風などによって災害がおこるおそれがあるときに，現象に応じて「警報」や「注意報」が気象庁から発表される。警報は，注意報よりも危険度が高いときに発表されるものである。そしてさらに上のレベルの警戒が必要になる場合，「特別警報」が発表されることもある。これは警報の基準をはるかにこえる大雨などが予想され，重大な災害がおこるおそれがいちじるしく高まっている場合に発表され，最大級の警戒をよびかけるものとなっている。

警報には，大雨，洪水，暴風，暴風雪，大雪，波浪，高潮の7種類がある。注意報には，それらに濃霧や乾燥，低温などを加えた16種類が対象となる。特別警報には，大雨，暴風，暴風雪，大雪，波浪，高潮の6種類がある。

注意報や警報が出る基準は，全国一律ではない。過去の災害を調査したうえで，地域ごとに基準が設定されているのだ。たとえば，雨による災害がおこりやすい地域では，より少ない雨量でも大雨の注意報や警報が発表されるのである。また，気象災害に関連して「避難指示」が発令されることがある。これは各自治体が発令するもので，気象庁の注意報などが参考にされている。

Q／集中豪雨と「ゲリラ豪雨」のちがいは何か？

A／近年，「ゲリラ豪雨」という言葉をよく耳にする。これは正式な気象用語ではないが，「せまい範囲で（局地的に）突然発生する，予測のむずかしい大雨」のことで，「局地的大雨」をさすことが多い。急に雨が強く降り，せまい範囲で，数十分程度の短時間に数十ミリメートル程度の雨量をもたらす。この局地的大雨の発生も，積乱雲の発達がカギをにぎっている。

地表付近に多量の水蒸気がある「大気の状態が不安定」な状況では，少しの空気の上昇でも，積乱雲が発達することがある。たとえば，海から内陸へ向けて吹く海風が山の斜面を昇ったり，一か所に集まったりすることで上昇気流が生まれる。すると，そこで積乱雲が発達して局地的大雨となるのだ。集中豪雨とちがい，単独の発達した積乱雲によっておこることが多い。

Q/ 最近使われるようになった，「酷暑日」「超熱帯夜」とは何か？

A/ 日本を含めて世界的に，夏の気温が上昇している。日本では，1898年から2023年の間に，年平均気温が100年あたり1.35℃のペースで上がっていることが，気象庁の観測から明らかになっている。1.35℃の気温上昇と聞くと，大したことがないように思えるかもしれないが，これはあくまでも1年の平均の話で，夏における「極端に暑い日」の日数は飛躍的にふえている。1日の最高気温が35℃以上の「猛暑日」，30℃以上の「真夏日」，そして最低気温が25℃以上の「熱帯夜」はどれも増加傾向にあるのだ。

近年では，日本国内で40℃をこえることもさほどめずらしくなくなった。2018年以降は毎年のように，全国のどこかで40℃以上が観測されている。日本気象協会では，「危険な暑さや熱中症の注意喚起のためにも，最高気温が40℃以上の日や，最低気温が30℃以上の日に新たな名前をつけたほうがよい」という声を受け，所属する気象予報士130人にアンケートを行っている。その結果をもとに，最高気温が40℃以上の日を「酷暑日」，最低気温が30℃以上の日を「超熱帯夜」とよぶと発表した。どちらも気象庁による正式な予報用語ではない。しかし，今後そういった頻度があがっていけば，いずれ正式な予報用語になることがあるかもしれないのだ。

Q/ 今後，どのような温暖化対策がとられるのか？

A/ 2015年12月，新たな地球温暖化対策の枠組みとして「パリ協定」が採択された。この協定によって，発展途上国を含め，条約を締結する全196の国と地域が温室効果ガス排出量の削減に取り組むことになる。

パリ協定では，「産業革命前から世界の平均気温の上昇を，2℃より十分低くおさえ，さらに1.5℃未満におさえられるように努力する」という目標が明記された。ここで注意しないといけないのは，産業革命前を基準とした場合，現在，すでに平均気温は約1.1℃上昇しているということだ。つまり1.5℃未満におさえるにはもう猶予がないのである。

この目標を達成するためには，二酸化炭素の排出量をどれほど削減する必要があるのだろうか。IPCCの発表によると，1.5℃未満に気温上昇をおさえるには，2050年までに人間活動による世界全体の二酸化炭素の排出量を実質ゼロにすることが必要とされている。実質ゼロとは，化石燃料の使用などによる人為的な排出量と，人為的な対策による吸収量を同じにするということである。人為的な対策には，森林保全や植林のほか，バイオマス発電などで排出される二酸化炭素を分離・回収して，地中深くに封じ込める技術の利用などが含まれる。

パリ協定では，各国が5年ごとに温室効果ガス排出量の削減目標を国連に提出し，その目標に向け国内対策を実施することが義務づけられている。現在，各国は2030年に向けた目標を掲げており，日本も2050年の二酸化炭素排出量実質ゼロへの目標として，「2030年度において，温室効果ガスを2013年度から46％削減することを目指す。さらに，50％の高みに向け，挑戦をつづけていく」としている。

Staff

Editorial Management　中村真哉
Cover Design　村岡志津加（Studio Zucca）
Design Format　村岡志津加（Studio Zucca）
Editorial Staff　上月隆志

Photograph

18-19　JSirlin/stock.adobe.com
83　Jordi/stock.adobe.com

Illustration

表紙　【偏西風・雪の結晶】Newton Press，【雨雲】高島達明 /Newton Press，【梅雨】Newton Press，【台風】カサネ・治
4-5　高島達明 /Newton Press
6-7　Newton Press・宮川愛理
8-9　高島達明 /Newton Press
10～15　Newton Press
16-17　富崎 NORI/Newton Press
18　Newton Press
20　Newton Press・宮川愛理
22-23　Newton Press
24-25　カサネ・治 /Newton Press
26-27　Newton Press（地図データ：Reto Stöckli, Nasa Earth Observatory）
28-29　Newton Press
30～33　Newton Press（地図データ：Reto Stöckli, Nasa Earth Observatory）
34～38　Newton Press
40-41　Newton Press
42-43　吉原成行
44～49　Newton Press
50-51　Newton Press（地図データ：Reto Stöckli, Nasa Earth Observatory）
53～55　Newton Press
58-59　Newton Press（気候区分のデータ：Beck, H.E., N.E. Zimmermann, T.R.McVicar, N. Vergopolan, A. Berg, E.F.Wood:Present and future Köppen-Geiger climate classification maps at 1-km resolution, Nature Scientific Data, 2018.）
60～73　Newton Press
75　Newton Press
76　Newton Press（地図作成：DEM Earth, 地図データ：©Google Sat ）
76-77　Newton Press
78-79　Newton Press・宮川愛理
80-81　Newton Press（地図データ：Reto Stöckli, Nasa Earth Observatory）
82-83　Newton Press
84-85　カサネ・治
86～91　Newton Press

本書は主に，ニュートン別冊『天気と気象』，ニュートン大図鑑シリーズ『天気と気象大図鑑』の一部記事を抜粋し，大幅に加筆・再編集したものです。

監修者略歴：
荒木健太郎／あらき・けんたろう
雲研究者・気象庁気象研究所主任研究官・博士（学術）。気象庁気象大学校卒業。専門は雲科学・気象学。防災・減災のために，気象災害をもたらす雲のしくみの研究に取り組んでいる。映画『天気の子』，ドラマ『ブルーモーメント』気象監修。『情熱大陸』『ドラえもん』など出演多数。主な著書に『すごすぎる天気の図鑑』シリーズ，『読み終えた瞬間，空が美しく見える気象のはなし』『世界でいちばん素敵な雲の教室』『雲を愛する技術』など多数。
X（Twitter）・Instagram・YouTube：@arakencloud

協力：佐々木恭子　太田絢子　津田紗矢佳

図だけでわかる！天気と気象

2024年10月15日発行

発行人　松田洋太郎
編集人　中村真哉
発行所　株式会社 ニュートンプレス
〒112-0012東京都文京区大塚3-11-6
https://www.newtonpress.co.jp
電話 03-5940-2451

ISBN978-4-315-52852-7